威立大厨的
西餐新手不败秘技

Western Cooking Made Easy with
Chef Willy Isler

［瑞士］威立·伊斯勒／著

浙江出版联合集团
浙江科学技术出版社

图书在版编目（CIP）数据

威立大厨的西餐新手不败秘技/（瑞士）威立·伊斯勒著. — 杭州：浙江科学技术出版社，2018.4

ISBN 978-7-5341-8033-0

Ⅰ. ①威… Ⅱ. ①威… Ⅲ. ①西式菜肴-菜谱 Ⅳ. ①TS972.188

中国版本图书馆CIP数据核字（2018）第017558号

书　　名　**威立大厨的西餐新手不败秘技**

著　　者　[瑞士]威立·伊斯勒

出版发行　**浙江科学技术出版社**
　　　　　杭州市体育场路347号　邮政编码：310006
　　　　　办公室电话：0571-85062601
　　　　　销售部电话：0571-85062597
　　　　　网　址：www.zkpress.com
　　　　　E-mail：zkpress@zkpress.com

排　　版　**杭州兴邦电子印务有限公司**

印　　刷　**浙江海虹彩色印务有限公司**

开　　本　787×1092　1/16　　　　印　张　11

字　　数　240 000

版　　次　2018年4月第1版　　　　印　次　2018年4月第1次印刷

书　　号　ISBN 978-7-5341-8033-0　　定　价　55.00元

责任编辑　王巧玲　　　　　**责任校对**　顾旻波

责任美编　金　晖　　　　　**责任印务**　田　文

作者序

现代西餐料理的基础和标准建立在古典法式料理的基础上。其中最具影响力的主厨是安东尼·卡瑞美（Antoine Carême）和奥格斯特·易斯柯飞（Auguste Escoffier）。这两位大师在古典法式料理的发展中起着不可磨灭的作用。

接着，费南·普安（Fernand Point），这位传统法国料理大师发展了新法式料理。此后，许多举足轻重的新法式料理大师诞生了。

新法式料理之后出现的便是在此书中为您介绍的所在地食材料理（cuisine du marché）。这种料理是以所在地每天新鲜的当令食材为基础，特色是热量低，也没有浓腻的酱汁，呈现出食材自然的风味。结合香草与辛香料以及少许盐，让不同的食材可各自展露特色。

Erwin Stocker、Frédy Girardet、Philippe Rochat，这三位大师给予了我灵感的源泉，特别是 Philippe Rochat，他真的很伟大，可惜今年退休了。

在过去的四五十年里，我获得了许多想法并实践了许多烹饪类型，从而塑造出我独有的风格。由衷地希望你和你的宾客们会喜欢这种风格。

此书主要针对的读者群：想要在家里学习西餐料理的烹饪新手；想要更进一步了解烹饪的美食老饕；想要学习西式料理，却无缘进入欧洲餐饮学校就读的人。

最后，也将此书推荐给想要在短时间内精进基本烹饪技巧以及欧洲料理的读者。

但是请不要忽略了，烹饪这门艺术需要一而再、再而三的反复练习。

也希望您能够用心去感受、去烹调，顺利地完成烹饪过程并享受其中的乐趣。

主厨 Willy

CONTENTS
目录

CONTENTS

目录

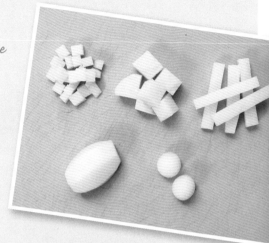

CONTENTS

目录

CONTENTS
目录

CONTENTS
目录

CONTENTS
目录

Lesson 1
Knives, Tools, and Utensils in Western Cuisine

第1堂课
西餐料理所使用的
刀具、用具和器皿

不论学习何种料理，对于刀具、用具和器皿的认识与使用都能让朋友们在学做料理时更加得心应手，成功率也会大为提升。

不同于中式料理，在西餐料理的世界里，各种料理都有其相对应的刀具、用具和器皿。在这个单元里，我将介绍最常用到且适合朋友们在家中操作的几种。

主厨真心话

建议朋友们在选购厨房用具时，首先考虑产品的实用性以及价格，不要看到什么就买什么。

有些厨房用具并不便宜，所以在购买之前，不妨先想想自己是否真的有需要。

一旦拥有了这些用具，请将它们存放在安全的地方。每次使用完也应清洁干净并使它们保持干燥，这样这些用具便可以使用很多年。

别忘了，只有你爱惜这些用具，它们才能发挥更大作用。

刀具
Knives

我观察到在亚洲的厨房中，大多数厨师是使用中式菜刀来处理食材并完成大多数的切割作业。

对厨师或做菜的人而言，挑选适合自己烹饪习惯的刀具是很重要的。你可以尝试各种具有不同材质刀柄的刀（木质刀柄、塑胶刀柄、其他合成材质的刀柄），并挑选最适合自己的刀柄种类。

在西餐料理的世界里，有各式各样的烹调用具和器皿。你不必拥有所有的种类，选购一些经常用到的即可。

请确保你的刀总是保持在锋利且干净的状态，一把变钝的刀往往比锋利的刀更危险。所以如果你还没有磨刀器，请买一个质量好一点的磨刀器来维持刀具的锋利。

//主厨真心话//

我建议你选购可固定在墙上的长条形磁吸式刀座来存放你的刀具。

这种刀座减少了刀与刀之间碰撞的机会，有利于刀具保持锋利。你也不用担心自己在从抽屉里找寻刀具时受伤，因为它们就平贴在你的墙面上。

主厨刀 Chefs Knife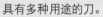

具有多种用途的刀。

可以用来切所有的食材，但主要还是用来处理蔬菜和马铃薯。

小弯刀 Turning Knife

弯形的小刀。

用来把蔬菜和马铃薯削圆，呈橄榄形或梭形。削圆是一种特殊的切割技巧，将在 P.30 的原味马铃薯中做介绍。

削刀 Paring Knife

中小型的刀子。

可用来修切蔬菜和削马铃薯。

去骨刀 Boning Knife ④

　　刀片短窄且坚硬。

　　可将骨头从整块肉中去除。

鱼片刀 Filleting Knife ⑤

　　刀片窄长的尖刀。

　　适合用来片鱼片。刀片非常薄且有弹性。

片刀 Slicing Knife ⑥

　　刀片长且有弹性。

　　可用来切煮过的肉或腌渍的鲑鱼和其他种类的鱼。

剁肉刀 Meat Knife ⑦

　　刀片厚实且够重。

　　用来处理生肉。主要用来切牛排、炉烤肉、牛腰肉或其他部位的肉。

烹调用具
Tools

在西餐料理的世界里，各式各样的烹调用具各司其职以完成不同的作业。其品项之繁多，可由字母 A（Apple corer，苹果去核器）排列到 Z（Zester，柑橘果皮削刮刀）。

我们也可以将这些用具分为手动以及电动两种，但不论哪一种都在现代烹调的世界里有其功用。

因为烹调用具的种类真的是太多了，所以你不必全部拥有，以下仅列举在厨房中最实用、使用频率最高以及本书中会用到的一些工具。

搅拌器　Whisk　❶

建议你选购一把小型及一把中型的细钢丝圈搅拌器。

长形抹刀　Spatula　❷

英文专业术语为 Palette Knife，与油画调色刀相同。刀片具有弹性，末端呈圆形，使用起来非常方便。可用来抹蛋糕上的奶油或翻转平底锅中的食物。

磨碎器　Grater　❸

在西餐料理中，常常会使用到磨碎器将蔬菜、马铃薯和水果做成各种色拉、菜肴或甜品。我最推荐外形像一个中空的箱子、四面各有不

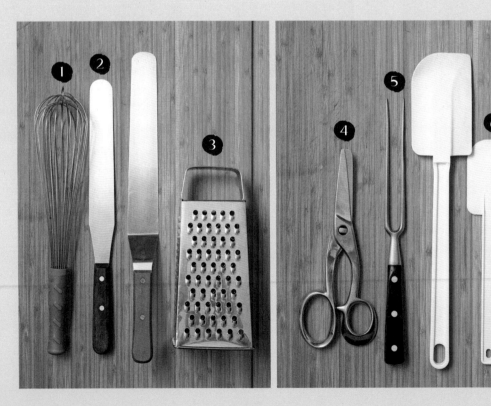

同切割孔洞的磨碎器。这种磨碎器具有四种磨碎方式，能满足本书食谱中所有的磨碎要求。

料理剪　Kitchen Scissors　4

　　一把材质坚固的料理剪用途广泛，可以用来修剪鱼，切割鸡肉，甚至切割蔬菜。

肉叉　Meat Fork　5

　　用于烧烤、煎炸、炉烤肉类的直长形叉子。在切或片炉烤肉类时，它也可以用来作为辅助工具。

橡皮刮刀　Rubber Spatula　6

　　可刮取器皿中的食材，刮干净搅拌盆或平底锅，也可以将材料填入面糊及面团中。

柑橘果皮削刮刀　Zester　7

　　特别设计用来刮除柑橘类水果（柠檬、柳橙、青柠、葡萄柚）具有香气的外皮。

　　刮除的皮屑常用于制作甜点、冷食或熟食，以增加食物的香气。

削皮刀　Peeling Knives (Peelers)　8

　　其刀锋可分为比较硬的和具有弹性的两种。

　　两种各有用处且使用方便，请根据你的使用需求选择合适的种类。

挖球器　Parisian Spoon (Melon Baller)　9

　　主要用于料理的装饰。

　　可以将蔬菜、马铃薯和水果挖成小球形。

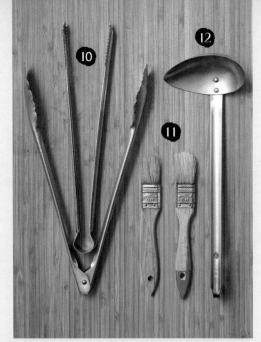

夹子　Tongs ⑩

可用来翻转锅中的牛排和炉烤肉。

如果菜肴在上桌后才分盘，也可以利用夹子进行桌边服务。

点心刷　Pastry Brush ⑪

由动物鬃毛或硅胶制成的刷头，可将蛋液刷在要烘烤的食材上，将多余的面粉刷除或在烤箱中将炉烤肉刷上油脂。

在将炉烤肉刷上油脂时，动物鬃毛制的刷头很有可能因高温而卷曲，所以比较推荐使用硅胶制刷头的刷子。

舀取汤和酱汁的长柄勺
Ladles for Soup and Sauce ⑫

用来舀取汤和酱汁到盘子中，也可用来捞除高汤上的浮渣。

买3～4个大小不同的勺子会使你在制作料理的过程中更加得心应手。

滤网或圆锥形过滤器
Strainer or Cone Strainer ⑬

可用来过滤高汤和酱汁，也可将煮过的马铃薯或蔬菜过滤成泥状浆汤。

请依照你烹煮食物的分量选择大小合适的过滤器。

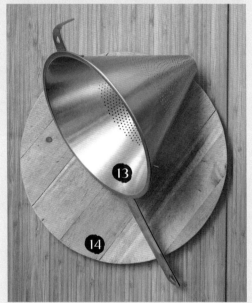

砧板　Cutting Boards ⑭

砧板可分为木制或塑胶材质两种。

为了健康着想，每次使用砧板后都要将其彻底地清洁干净。

至于该选用木制还是塑胶材质的砧板，每个人看法不同，我不会试图干涉你的选择。

最早人们都使用木制砧板，后来发现木制砧板可能存在健康隐患，所以木制砧板逐渐被塑胶材制砧板取代。但现在又有新的研究显示，木制砧板里面的某些成分可以减少细菌传染的机会。所以请自己决定使用哪种材质的砧板。

主厨的小贴士
Tips from the Chef

● 你可以在切菜时在砧板下面垫一层湿抹布或湿纸巾，从而避免砧板滑动。

● 要是更讲究点，可以把止滑垫剪成长条垫在砧板下面。不仅防滑的效果好，而且容易清洗，可重复使用。

机械工具
Mechanical Tools

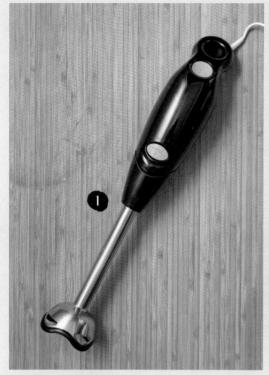

手持式食物调理机
Stick Blender with Attachments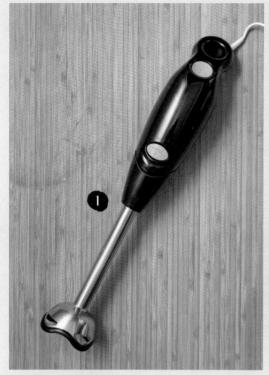

　　在所有的厨房用电器中，我认为手持式食物调理机是最实用的选择。

　　对一般家庭而言，专业厨房用的调理机不但价格昂贵而且较难买到，但这种手持式的食物调理机在超市就能买到，而且价格适中。

肉类温度计
Meat or Kitchen Thermometer

　　无论你采用哪种烹调方式，肉类温度计都是非常有用的工具，它可以准确地告诉你食物的内部温度。在专业厨房中，肉类温度计也用来测量厂商送来的食材温度是否符合主厨进货的标准。

　　在使用温度计测量肉类温度时，要确认温度计的尖端是否位于肉质最厚部分的中央，要小心不要刺穿整块肉，不然你将测量到锅具的温度。在测量家禽类的温度时，别忘了测量鸡腿骨头边的温度以及鸡胸的温度。

　　以下是一些常用的参考标准：

【白肉类：鱼肉、禽肉】

　　白肉类应确保在烹煮时达到全熟的状态，换言之，中心温度应该至少达到 70℃才行。

【红肉类：牛肉、小羊肉】

50～55℃ = 3 分熟

56～60℃ = 5 分熟

65℃以上 = 全熟

器皿和锅具
Utensils

盆，玻璃制、陶瓷制或不锈钢制
Bowls, Glass, Ceramic, or Stainless Steel ① ②

可用来制作乳化酱汁、混合面糊、融化巧克力，或存放食物。

如果是用来烹调食物，我会推荐使用不锈钢盆，陶制盆也可以。

普通玻璃盆只能用于混合冷的食材，不能加热更不可放入烤箱内。

不同大小的平底深锅
Sauce Pans, Different Sizes ③

这些平底深锅在厨房中有着举足轻重的地位，可用于煮蔬菜、马铃薯、鱼、肉类或是其他食物，也可用于准备汤、酱汁、米饭以及意大利面。

炒锅、嫩煎锅 Sauté Pans ④

用来完成菜肴，从蔬菜到复杂的鱼和肉都可以用这种炒锅完成。

（译注：saute 法文本意是嫩煎，是一种比平底锅深一点的锅。）

不粘式炒锅 Non Stick Frying Pans ⑤

是一种平底浅锅，锅缘比一般平底锅高，具有防刮伤不粘镀层。在做西餐料理时，一个高质量的平底浅锅是不可或缺的，可用它来煎肉、马铃薯、蔬菜，甚至制作甜点。

烧烤盘 Grill Pan ⑥

如果你喜欢烧烤肉类、蔬菜，甚至水果，那么你一定要拥有一个烧烤盘，这样整年都可以在家享受到美味的烧烤食物。

Lesson 2
Herbs and Spices

我们可以从植物的花苞、种子、茎、根、芽、果实、叶子和树皮中取得香草和辛香料。

香草和辛香料中的精油成分，是料理散发的特别风味和香气的主要来源。

在市场上你可以发现各种不同形态的香草或辛香料：有株状的、粉状的、磨碎的，以及混合了不同香草、辛香料与调味料，可直接使用的复合调味品。

主厨真心话

如果你使用的是新鲜香草，应在烹饪快完成时加入菜肴中，以保持香草鲜嫩的色泽和风味。

若你使用的是干燥的香草，则在烹饪刚开始时就可加入，因为干燥的香草必须烹饪 30 分钟以上才能释放出香味，并且高温能杀死潜在的微生物。

新鲜的香草可存放在原包装内或用湿润的纸巾包好后放入冰箱。而干燥的香草则应存放在阴凉处，避免高温和阳光直射。

西餐料理中最常用的香草
The Most Common Herbs Used in Western Cuisine

罗勒 Basil

可用于地中海料理、意大利料理，并可在制作色拉、汤、鱼、肉、蛋等菜肴及酱汁中使用。常和西红柿一起搭配使用。

月桂叶 Bay Leaf

具有浓郁香味，可用来制作调味蔬菜和香草束，以增添汤、高汤、酱汁、炖煮食物的风味。在上菜前要把调味蔬菜过滤掉或是将香草束拿掉。

虾夷葱（细香葱） Chives

一般使用时切成小圈状，而不要切碎。可用来调味汤、鱼、酱汁、蛋等菜肴及蘸酱。如果一时买不到,可将青葱的葱绿部分切细来代替。

芫荽（香菜） Cilantro

广泛用于亚洲和墨西哥料理中。芫荽的种子干燥后就成为了芫荽子辛香料。

蒔萝 Dill

主要用于鱼的调味，但也可用于马铃薯以及色拉之中。

牛至（奥勒冈） Oregano

多用于披萨、西红柿料理中，也可用来增添高汤和基本酱汁的风味。

罗勒   蒔萝   芫荽

迷迭香

龙蒿

百里香

薄荷

迷迭香 Rosemary

　　具有浓郁香气,非常适合调味小羊肉、禽肉,或用来增添高汤和酱汁的风味。

鼠尾草 Sage

　　可裹上面糊油炸作为开胃菜,也可用于小牛肉、小羊肉、肝脏的调味。

龙蒿 Tarragon

　　香味温和,可用来调味法式贝阿奈滋酱汁(Béarnaise,一种混合了龙蒿的奶油蛋黄酱)、禽肉、小牛肉或汤,也可以加入油和醋中增添风味。

百里香 Thyme

　　是调味高汤和基本酱汁不可或缺的香草之一。加入香肠和肉派中,或与炉烤肉及蘑菇搭配,会使这些菜肴带有地中海风味。

薄荷 Mint

　　薄荷和绿薄荷是广泛使用的香草,除了用于各式料理外,也可用于糖果、酒、茶之中。在厨房中,主要用来调味小羊肉、胡萝卜、豌豆、韭葱(青蒜)和马铃薯。

西餐料理中最常用的辛香料
The Most Common Spices Used in Western Cuisine

肉桂

丁香

小茴香

咖喱

肉桂　Cinnamon

在西餐料理中，肉桂多用于制作派、蛋糕、炖煮水果等甜点。但有时也用于咖喱和肉类的调味。

丁香　Clove

一般多为整颗与粉状两种状态。整颗的丁香可用来增添高汤和酱汁的风味，而磨成粉状的丁香则可用来做香料面包和其他烘焙食品。

小茴香　Cumin

这是一种在西餐料理中非常受欢迎的辛香料，无论一般家庭还是五星级酒店都会使用到。主要用于卷心菜、猪肉、起司等料理中，做糕点时也用来增加面包的香味。

咖喱 Curry

咖喱粉是四十多种香料的混合粉。除了用来做咖喱料理外，也可以用于调味色拉酱汁和肉类。

杜松子 Juniper

主要用于德国腌卷心菜和野味料理。

豆蔻 Nutmeg

用于白酱、汤和一些饼干食谱中，马铃薯泥几乎都会添加豆蔻。

匈牙利红椒粉 Paprika

匈牙利红椒粉可分为甜味与辣味两种。本书食谱所使用的皆是甜的匈牙利红椒粉，辣味较弱但却风味浓郁。

豆蔻

匈牙利红椒粉

番红花 Saffron

番红花的雌蕊经手工采摘、发酵、干燥后就成了番红花香料。需要 95 000 ~ 100 000 个雌蕊才能制得 1 千克的番红花香料，所以价格不菲。常用于鱼、米、酱汁、汤以及甜点的制作。

香草 Vanilla

香草主要用于冰淇淋、巧克力、奶油等甜点的制作。但是在现代料理中，香草也会用于海鲜（龙虾）甚至肉类料理中。

番红花

盐和调味品
Salt and Condiments

盐和调味品主要用于料理完成时的提味，应斟酌使用，使用过量会盖过食材本身的味道。

盐 Salt

在厨房中使用的大部分是海盐和岩盐两种。另外还有不用于直接烹煮，而是专门添加在某些菜肴上的盐之花（Fleur de sel）。本书中均使用海盐。

胡椒 Pepper

具有独特的微香与辣味，因品种不同而有红、绿、白、黑等颜色之分。在厨房中拿来调味的，较常见的是将黑胡椒磨碎后的粉状颗粒。也有综合了各种颜色胡椒的产品，同样研磨后使用。

梅林辣酱油 Worcestershire Sauce

强烈、鲜美的酱汁，可用于烹制鱼、汤、酱汁，以增添风味。

辣椒酱 Tabasco

辣味强烈的辣椒酱，可为汤、酱汁、蘸料增加辣味。

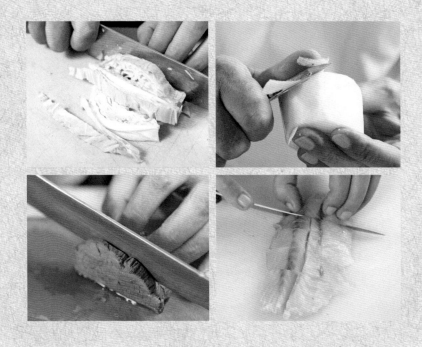

Lesson 3
The Cutting Methods in Western Cuisine

第3堂课
西餐料理的刀工

　　在做西餐料理的时候，将蔬菜、马铃薯、肉类、鱼类依烹调所需切成特定的大小及形状并不是没有原因的，相同大小的食材在烹煮时能均匀受热，摆盘时也比较美观。而且将食材切成相同大小，更可避免不必要的浪费。

　　注重食材的形状和烹煮过程可使你的菜肴更加赏心悦目。而蔬菜以及马铃薯的刀法更是被广泛地使用于西餐中。

料理习作

乡村蔬菜汤
Farm Style Vegetable Soup

奶油芦笋汤
Cream of Asparagus

蔬菜的刀工
The Cutting Methods of Vegetables

以下介绍的刀法一般用于处理胡萝卜、西洋芹、青蒜和卷心菜。

小丁（Jardinière）、丁（Macédoine）、条状（Bâtonnets）和片状（Paysanne）等刀法，除了可用于上述蔬菜以外，也可用于其他蔬菜。而在制作调味蔬菜和香草束时，则要加入洋葱。

烹饪的专有名词——汆烫，是指将蔬菜或马铃薯放入沸腾的盐水锅中再次煮开后，将蔬菜取出、沥干，立即放入冰水中快速冷却，而马铃薯则是沥干后放入平底锅中让水汽蒸发。

调味蔬菜　Mirepoix

　　由胡萝卜、青蒜、西洋芹、洋葱等可长时间烹调的蔬菜组成，可切成不规则形状，但大小需一致，可用来调味（如炉烤肉品或高汤），也可以作为烹煮汤品时常用的综合蔬菜。

调味香草束　Bouquet Garn

　　在前期准备工作中，将青蒜、西洋芹、胡萝卜等蔬菜切成粗长条状（红萝卜切半），并和百里香、巴西利绑在一起。烹调完成后可作为装饰品或丢弃不用。

小细丁 Brunoise ①

把蔬菜（胡萝卜、西洋芹、韭葱、卷心菜、栉瓜和白萝卜）切成长 0.1～0.2 厘米的小细丁。这种刀法主要用于酱汁、汤、色拉和装饰配菜上。未煮过的小细丁可以用于制作色拉，汆烫后的小细丁则可添加到菜肴中。

小丁 Jardinière ②

这种刀法是将食材切成长 0.5～0.8 厘米的小丁。

这种刀工不要应用在韭葱和卷心菜上，因为叶菜类的叶片厚度不够，无法切成小细丁以外的小丁。

汆烫后的小丁可用于酱汁和汤中，也可以用黄油炒过后当成配菜。

这种刀法也可以应用在栉瓜、蘑菇、白萝卜、绿花椰菜和白花椰菜（处理花椰菜时，切除茎部并将剩下的部分切成一口大小的块状）以及你喜欢的当季蔬菜上。

请避免将整颗西红柿切碎，但你可以添加整颗小西红柿以增加料理的色泽和风味。

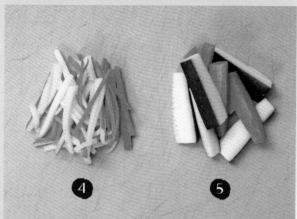

丁状 Macédoine ③

这种刀法是将蔬菜切成长 1～1.5 厘米的丁状，并将之汆烫后用黄油炒熟，常用来当作装饰配菜。尝试使用当地的当季食材，营养价值较高，也更有风味。（此种刀法适用的蔬菜与小丁刀法相同。）

细长条 Julienne ④

将蔬菜切成 0.1 厘米厚、5 厘米长的细长条。应用于汤、色拉、酱汁和装饰配菜上。（此种刀法适用的蔬菜与小细丁刀法相同。）

条状 Bâtonnets ⑤

将蔬菜切成 0.4～0.8 厘米见方、5 厘米长的条状。条状的蔬菜可用来当配菜。（此种刀法适用的蔬菜与小丁刀法及丁状刀法相同。）

薄正方形状 Paysanne ⑥

将蔬菜切成 0.1～0.15 厘米厚、1.5 厘米见方的薄片状。

应用于汤、配菜和一些色拉中。（此种刀法适用的蔬菜与小细丁刀法相同。）

胡萝卜薄片 Vichy ⑦

将胡萝卜切成 0.2 厘米厚的半圆片。Vichy代表的是一种特别的胡萝卜料理方式，指用正好盖过胡萝卜的水量加上一小撮盐、糖和奶油煮到汁水收干。上菜时可以撒一点切碎的巴西利。

马铃薯的刀工
The Cutting Methods of Potatoes

以下介绍的是以马铃薯为主的几种基础刀工，虽然还有其他的马铃薯切割方法，但一开始应掌握好这些基本切割方法，再多加练习，相信这些技巧会让你的宾客对你的菜肴摆盘感到满意和惊喜。

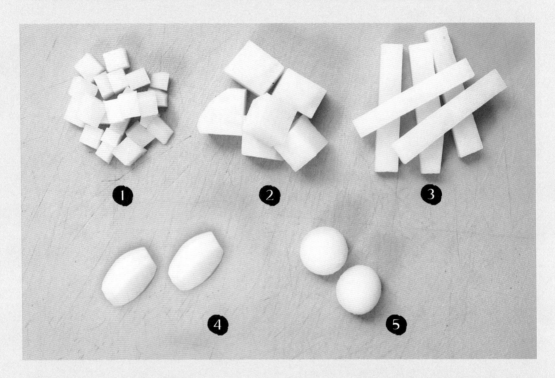

小丁　Parmentier ❶

（译注：这个法文名称来自十八世纪在法国推广马铃薯的 Antoine-Augustin Parmentier。）

长 0.5～1 厘米的小丁状马铃薯。

煮软时可以用于色拉和汤中。拿来当配菜使用时，可以直接用平底锅将生马铃薯丁炒至半熟。

丁状　Rissolées ❷

（译注：此词源于法文动词 rissoler，指用烤烘、煎等方式让食物呈现金黄色。）

长 0.5～2 厘米的丁状马铃薯。

法式薯条　French Fries ❸

1 厘米见方、5 厘米长的条状马铃薯。先以 150℃的热油炸透后，再用 180℃的热油炸至酥脆金黄。取出后，将多余油分沥干，放入大盆中用盐调味后上桌。

原味马铃薯　Nature ❹

梭形的水煮马铃薯。将马铃薯直向对切两次，再用小弯刀从顶部削切成梭形。放到盐水中煮熟后可原味或加上一点融化的黄油一起上桌。

巴黎马铃薯球　Parisienne ❺

用挖球器将马铃薯挖成球状。烹煮方法和丁状马铃薯相同。

肉类的刀工
The Cutting Methods of Meat

肉可依照部位不同，分为较硬的及较软嫩的两大类。

软嫩的肉主要来自于动物的脊背部，如后腰脊肉（沙朗）、腰肉（菲力）、臀肉、部分的腿肉和颈肉等。

而较硬的肉则主要是肩肉、上颈肉、部分腿肉、腹胁肉和胸肉。

较硬的肉主要用来炖或煮，而软嫩的肉则是用来烧烤、煎、快炒和炉烤。

在购买肉时，你可以请师傅分切你所需要的部位。如果你是买整块肉回家自己处理，请注意应该逆纹切（不要顺着肉的肌理切，刀的走向应该与肌理方向交叉垂直）。

鱼类的刀工
The Cutting Methods of Fish

在市场上你可以买到已经处理过的、可直接烹煮的鱼。

假如你选了整条鱼并想要自己取鱼肉片，你必须使用很锋利的刀。取鱼片时必须从头至尾切下来，而去鱼皮则是从尾端朝头部去除。你可以用白肉鱼（指去掉了皮和骨的鱼）或新鲜的海水鱼鱼骨做鱼高汤，但不要用鲑鱼骨，因为鲑鱼骨太油了。

Farm Style Vegetable Soup

乡村蔬菜汤
（4人份）

材料

橄榄油10毫升

培根25克（可依喜好添加），切丁

蔬菜120克

面粉10克

蔬菜或鸡高汤600毫升

盐、胡椒、梅林辣酱油各适量（调味用）

Materials

10ml olive oil

25g bacon diced （optional）

120g vegetables

10g flour

600ml vegetable or chicken stock

salt, pepper, Worcestershire sauce to taste

制作

1. 将蔬菜切成薄片状。
2. 将橄榄油放入锅中加热后，放入蔬菜（但马铃薯先不加）和培根，炒至软化但还未上色的程度。
3. 加入面粉炒匀后再加入高汤，煮沸。
4. 加入马铃薯并将火转小，保持微滚状态煮约30分钟。
5. 出菜前用盐、胡椒、梅林辣酱油调味，可将奶酪丝放在汤旁边一起上桌。

主厨的小贴士
Tips from the Chef

● 这道蔬菜汤里的蔬菜基本上以胡萝卜、青蒜、西洋芹、卷心菜、马铃薯和洋葱为主。至于栉瓜和蘑菇则可依据喜好酌量添加。

Cream of Asparagus

奶油芦笋汤

（4~6人份）

材料

绿芦笋180～200克

切碎的洋葱20克

黄油或橄榄油40克

面粉60克

芦笋高汤1000毫升

35%鲜奶油200毫升

牛奶100毫升

盐、豆蔻粉、Tabasco辣椒酱（调味用）

Materials

180～200g green asparagus

20g chopped onions

40g butter or olive oil

60g flour

1000ml asparagus broth

200ml cream 35%

100ml milk

salt, nutmeg, Tabasco to taste

制作

1. 将绿芦笋尾端约0.5厘米处切除后，由尾端开始，切成2厘米的长段，绿芦笋尖端保留5厘米。

2. 将绿芦笋尖端用盐水烫熟后捞起，剩余部位放入加了淡盐水的深平底锅中煮至半软（12～15分钟），捞起绿芦笋沥干，将煮过绿芦笋的汤汁保留以作为绿芦笋高汤。

3. 将黄油或橄榄油放入平底深锅中加热，放入切碎的洋葱、绿芦笋和面粉拌炒均匀（图1）。

4. 将之前保留的芦笋高汤取1000毫升和牛奶混和，倒入平底深锅中，持续搅拌至沸腾，并加入豆蔻粉、Tabasco辣椒酱和极少量的盐调味（因为高汤原本就带有咸味）（图2）。

5. 小火煨煮约30分钟，离火，用食物调理机将全部食材打成浆状（图3）。

6. 将汤锅再次放在炉上加热至微滚，熄火，将浓汤倒入汤盘中，淋上鲜奶油并用芦笋尖装饰（图4）。

主厨的小贴士
Tips from the Chef

● 你可以在制作过程中先在汤中加入一半的鲜奶油，剩下的另一半用来装饰，可以在汤上用汤匙将鲜奶油划成螺旋形，用小刀或牙签从中间向四周呈放射状划出，形成一蜘蛛网形，然后再用芦笋尖在上面装饰。

Lesson 4
Basic Stocks and Base Sauces

第4堂课
基础高汤与基础酱汁

高汤与酱汁，
都是西餐料理的灵魂。

高汤是西餐汤品和酱汁的基底。它的法文为 fonds de cuisine，意思是"厨房的基础"。熬制的高汤质量越好，所煮出的汤和酱汁质量自然就越好。

本书中的高汤食谱，分量都是以制作 1000 毫升（1 千克）的高汤来计算。你可以一次熬煮较多的分量，待冷却后再放入冰箱冷冻保存，方便制作菜肴时能随时有高汤可用。

食物的风味在烹调时会受到不同烹调方式的影响。我们必须尽量让食材的风味保留在成品中。此外，也有些食材的风味较淡，无法单独呈现，故必须加以调味。所以酱汁依其基本功能可分为以下两大类：

- 由高汤和锅底焦香物所制成的酱汁。这种酱汁可以将食材在烹煮过程中流失的风味带回成品中。
- 用来添加或增强成品风味的酱汁。这种酱汁不需要以主菜的风味为基础，例如白酱、番茄酱、油酱或具有其他特色的酱汁。

这两大类酱汁都有其基础酱汁，本单元将作详细介绍。

料理习作

蔬菜高汤
Vegetable Stock

白高汤（鸡高汤）
Chicken Stock White

褐高汤
Brown Stock

浓缩酱汁（肉汁）
Demi Glace （Gravy）

白酱
White Base Sauce （Béchamel）

Vegetable Stock
蔬菜高汤

这道蔬菜高汤可用于很多料理中，书中所示范的食谱也都可以使用此高汤。
只使用蔬菜与一些辛香料所熬制出来的美味高汤，非常简单易学，
即使第一次学做西餐料理，也能轻而易举地熬制成功！
唯一要注意的是，当高汤熬煮好、要过滤时，
不要压碎了已煮到熟软的蔬菜，这样才能让汤汁澄清而无杂质。

材料

橄榄油20毫升

洋葱1/2个

胡萝卜100克

西洋芹100克

卷心菜100克

大蒜1瓣

青蒜（绿色部分）100克

水1200毫升

盐15克

月桂叶1片

丁香1个

百里香1支

胡椒粒少许

Materials

20ml olive oil

1/2 onion

100g carrots

100g celery

100g white cabbage

1 clove of garlic

100g leeks （the green part）

1200ml water

15g salt

1 bay leaf

1 clove

1 twig of thyme

peppercorn

制作

1. 将所有蔬菜都切成 1～2 厘米见方的小丁
   （图 1，图 2）。
2. 将橄榄油放入锅中加热，放入蔬菜略炒至
   软化后加入水、盐、月桂叶、丁香、百里香、
   胡椒粒，用小火煨 30～45 分钟（图 3）。
3. 将汤汁用滤网过滤，注意不要压碎蔬菜。
4. 尽快地让滤出的高汤冷却，而剩下的蔬菜
   与辛香料则丢弃不用，就完成了这道蔬菜高汤。

Chicken Stock White

～∞ 白高汤 ∞～

（鸡高汤）

这道白高汤同样可用于很多料理中，本书中所示范的食谱也都可以使用此高汤。

除了使用鸡骨熬制，也可使用牛骨或鱼骨来制作。

用牛骨取代鸡骨所熬制出来的就是牛骨高汤。

用鱼骨取代鸡骨所熬制出来的就是鱼高汤，适用于各种海鲜料理。

材料

鸡骨1千克

调味蔬菜（详见P.20，但请将配方中的胡萝卜以蘑菇代替）200克

白葡萄酒100毫升

水1400毫升

盐10克

月桂叶1片

丁香1个

百里香1支

迷迭香1支

胡椒粒1茶匙（1茶匙为4～5克）

Materials

1kg chicken bones

200g mirepoix without carrot but mushroom instead

100ml white wine

1400ml water

10g salt

1 bay leaf

1 clove

1 twig of thyme

1 twig of rosemary

1 teaspoon of peppercorns（4～5g）

制作

1. 将鸡骨洗净，先入滚水锅中氽烫、去血，捞出后再洗净并沥干（图1）。
2. 将氽烫好的鸡骨与调味蔬菜放入锅中，加水。
3. 将锅移至炉上，加热，并加入月桂叶、丁香、百里香、迷迭香、胡椒粒（图2）。
4. 待汤汁滚沸，倒入白葡萄酒并转小火持续加热。
5. 用小火煨约1小时30分钟，其间要时常捞除表面的浮沫，待汤汁浓缩至一半，加盐，拌匀，熄火（图3）。
6. 小心地过滤并快速将高汤冷却。

主厨的小贴士
Tips from the Chef

● 这道白高汤，我是直接加水熬煮的，也有人会先用橄榄油将鸡骨与调味蔬菜炒匀，淋入白葡萄酒拌香，再将水加入，两种做法都可以熬出美味的鸡高汤。

Brown Stock

～◌ 褐高汤 ◌～

我们可以用牛、猪、鸡或羊的骨头来制作褐高汤，方法基本上大同小异。
考虑到许多人家里没有烤箱，所以我建议用鸡骨来熬煮褐高汤，
因为用平底炒锅或中式炒锅都能够轻松地将鸡骨头炒至褐色，从而代替烤箱。
在制作时，如果将材料中的水用白高汤代替，
熬制出的高汤的颜色与口感都会更加浓郁。

材料

橄榄油 20毫升

鸡骨（切成5厘米见方的块状备用）1千克

调味蔬菜200克（详见P.20）

西红柿糊20克

新鲜西红柿1个，切小丁

红酒100毫升

水1400毫升

盐15克

月桂叶1片

丁香1个

百里香1支

迷迭香1支

胡椒粒1茶匙

Materials

20ml olive oil

1kg chicken bones chopped into pieces of 5cm

200g mirepoix

20g tomato paste

1 fresh tomato chopped

100ml red wine

1400ml water

15g salt

1 bay leaf

1 clove

1 twig of thyme

1 twig of rosemary

1 teaspoon of peppercorns

制作

1. 将鸡骨块放入烤盘中，倒入橄榄油，放在烤箱中以180℃烘烤约10分钟（或放入平底锅中置于炉上加热）。

2. 烤至鸡骨呈褐色时，加入调味蔬菜、月桂叶、丁香、百里香、迷迭香、胡椒粒和西红柿糊继续烤（或加热）（图1）。

3. 再烤约20分钟，烤至蔬菜干煸出香味后，倒入一些冷水将烤盘上的焦化物刮拌干净，让汁液呈糖浆般的浓稠状（图2）。

4. 倒入红酒和西红柿丁（图3）。

5. 取出烤盘，将烤盘内的所有材料倒入汤锅中，加水，煮至沸腾后加入盐（图4）。

6. 改小火继续煨煮并时常捞除汤上浮沫，煨约1小时30分钟后即可熄火，将汤汁过滤并快速冷却（滤出的骨头丢弃不用），就完成了这道褐高汤。

Demi Glace （Gravy）

～∘❦ 浓缩酱汁 ❦∘～
（肉汁）

浓缩酱汁是由高汤和锅底焦香物所制成的一种酱汁，
主要是将食材在烹煮过程中流失的风味带回成品中，
因此被普遍应用在许多料理与酱料中。
这道浓缩酱汁可以一次多做一点，你会发现许多料理都会用到它。
其保存的方法与高汤的保存方法一样。

材料

橄榄油20毫升

鸡骨（切成5厘米见方的块状备用）1千克

调味蔬菜200克（详见P.20）

西红柿糊20克

面粉20克

红酒100毫升

褐高汤800毫升

水400毫升

月桂叶1片

丁香1个

迷迭香1支

百里香1支

盐15克

胡椒粒1茶匙

Materials

20ml olive oil

1kg chicken bones

200g mirepoix

20g tomato paste

20g flour

100ml red wine

800ml brown stock

400ml water

1 bay leaf

1 clove

1 twig of rosemary

1 twig of thyme

15g salt

1 teaspoon of peppercorns

制作

1. 将鸡骨块放入烤盘中，倒入橄榄油，放在烤箱中以180℃烤约10分钟（或放入平底锅中置于炉上加热）。

2. 烤至鸡骨呈褐色时，加入调味蔬菜、月桂叶、丁香、百里香、迷迭香、胡椒粒、西红柿糊和面粉继续烤（或加热）（图1）。

3. 再烤约20分钟，烤至蔬菜干煸出香味后，倒入一些冷水将烤盘上的焦化物刮拌干净，让汁液呈糖浆般的浓稠状（图2）。

4. 倒入红酒和西红柿丁（图3）。

5. 取出烤盘，将烤盘内的所有材料倒入汤锅中，加入水和褐高汤，煮至沸腾，加盐调味（图4）。

6. 改小火继续煨，煨的时候要时常搅拌。（这种浓稠酱汁在煮的时候如果不经常搅拌，就会有焦锅的危险。）

7. 煨至少2个小时后，熄火，将酱汁过滤后迅速冷却（剩下的骨头丢弃不用），就完成了这道酱汁。

White Base Sauce (Béchamel)

∽ 白酱 ∽

白酱是用来添加或增强成品风味的酱汁，
它与浓缩酱汁都属于基础酱汁，不但在西餐料理中使用广泛，
而且可衍生成为各式各样的酱汁，所以也称为母酱汁（Mother Sauce）。
一般而言，白酱都是现做现用，所以不需要冷却，
但如果你想要预先准备大量白酱，就需要冷却。

材料

黄油60克

面粉70克

牛奶1千克

盐、胡椒或Tabasco辣椒酱、豆蔻粉、月桂叶
各适量（依喜好添加）

Materials

60g butter

70g flour

1kg milk

salt, pepper or Tabasco, nutmeg, bay leaf optional

制作

1. 在平底深锅中放入黄油，开中小火加热，使
   之融化。
2. 将面粉慢慢倒入锅中，小火拌煮 10 分钟至面
   粉融入黄油中，熄火冷却。
3. 将牛奶慢慢倒入锅中，边倒边用搅拌器搅拌
   均匀。
4. 再次开小火加热，并加入盐、胡椒、Tabasco
   辣椒酱、豆蔻粉、月桂叶等，要一边搅拌，
   一边加热至沸腾（图 4，图 5）。
5. 转小火煨 15 分钟之后过滤，使之快速冷却即可。

主厨的小贴士
Tips from the Chef

● 你也可以用鸡或小牛肉制成的白高汤
  取代白酱中牛奶的部分，这种酱汁称
  为velout天鹅绒酱汁。不同肉类制成的
  白高汤可搭配不同的肉类料理。

● 拌煮白酱时请不要使用木制汤匙搅
  拌，因为用搅拌器搅拌的效果较好。

Lesson 5
Emulsified Sauces, Cold and Warm

第5堂课
冷与温的乳化酱汁

　　乳化酱汁是指将两种在正常状态下不相溶的液体（例如油和水），以特殊方式使之均匀混溶的混合物。

　　制作乳化酱汁需要以下三种成分：

- 脂类＝植物油或融化的澄清奶油。
- 酸＝醋、柠檬汁、白葡萄酒或芥末酱。
- 乳化剂＝蛋黄或卵磷脂。

　　在西餐料理中，乳化酱汁又可分为冷的和温的两类。应用最广的美乃滋就属于冷的乳化酱汁。

　　由于美乃滋所含的油脂远多于酸，所以在制作时，必须快速搅拌并将油缓慢加入才能将油和酸乳化均匀。

　　在制作温的乳化酱汁时，要在加入澄清奶油前，将蛋黄与浓缩的酒或醋混合并搅拌至呈乳霜状。

料理习作

冷的乳化酱汁——美乃滋
Cold Emulsified Sauces : Mayonnaise

冷的乳化酱汁——塔塔酱
Cold Emulsified Sauces : Tartare

温的乳化酱汁——荷兰酱汁
Warm Emulsified Sauces : Hollandaise

Cold Emulsified Sauces : Mayonnaise

冷的乳化酱汁——美乃滋

（4～6人份）

这是一道应用相当广泛的酱汁，也是许多酱汁的母酱、基底酱，
像时下流行的塔塔酱就可以从美乃滋延伸而来。
你既可以以传统且经典的手打方式来制作，
也可以使用便于操作的手持式食物调理机来制作，
依据手边现有的工具来选择与操作即可。

材料

生蛋黄2个

芥末酱（通常是用法式第戎芥末酱）1汤匙（约14克）

白醋（或米醋）1+1/2汤匙

植物油或橄榄油（或两者混合）300毫升

盐、Tabasco辣椒酱、梅林辣酱油

柠檬汁（依喜好添加）

Materials

2 egg yolks

1 tablespoon of mustard（regular of Dijon, about 14g）

1+1/2 tablespoon of vinegar（white or rice）

300ml vegetable or olive oil or a mix of the two

salt, Tabasco, Worcestershire sauce

lemon juice（optional）

制作

1. 将生蛋黄、芥末酱放在搅拌盆中（图1）。

2. 加入盐、Tabasco 辣椒酱、梅林辣酱油、白醋、柠檬汁（图2，图3，图4）。

3. 用搅拌器搅拌均匀（图5）。

4. 一边将植物油或橄榄油慢慢倒入搅拌盆中，一边用搅拌器以画圆的方式搅拌均匀（图6）。

5. 当酱汁变稠时，可以加1汤匙热水，再继续搅拌均匀即可（图7）。

> **主厨的小贴士**
> **Tips from the Chef**
>
> ● 因为材料中含有生蛋黄，所以必须马上食用。
> ● 自制的美乃滋不能放入冰箱，因为低温会使油水分离。

完成

用手持式食物调理机制作

材料

生蛋黄2个

芥末酱 （通常是用法式第戎芥末酱）1汤匙

白醋（或米醋）1+1/2汤匙

植物油或橄榄油（或两者混合）300毫升

盐、Tabasco辣椒酱、梅林辣酱油

柠檬汁（依喜好添加）

Materials

2 egg yolks

1tablespoon of mustard （regular of Dijon）

1+1/2 tablespoon of vinegar （white or rice）

300ml of vegetable or olive oil or a mix of the two

salt, Tabasco, Worcestershire sauce

lemon juice （optional）

制作

1. 将生蛋黄、芥末酱放入较深的杯子中（可用量杯来制作），加入盐、Tabasco辣椒酱、梅林辣酱油、白醋、柠檬汁，最后倒入油（图1，图2）。

2. 将手持式食物调理机置于杯中，启动开关，等到油脂乳化后，慢慢地将搅拌器举起，并且将搅拌器上下移动几次，大约10秒钟后就可得到浓稠的美乃滋（图3，图4）。

Cold Emulsified Sauces : Tartare

冷的乳化酱汁——塔塔酱

（4～6人份）

只要你会做美乃滋或手边有美乃滋，
要做塔塔酱就不是难事了，准备好以下材料，
切切拌拌，美味的塔塔酱马上完成！

材料

美乃滋1份

白煮蛋1颗

腌黄瓜1/2条

酸豆末1汤匙

洋葱末1汤匙

巴西利碎1茶匙

Materials

1 mayonnaise

1 hard boiled egg

1/2 dill pickle

1 tablespoon of chopped capers

1 tablespoon of chopped onion

1 teaspoon of chopped parsley

制作

1. 将白煮蛋与腌黄瓜均切碎（图1）。

2. 将所有材料置于容器中混合均匀即可（图2，图3）。

Warm Emulsified Sauces : Hollandaise

～温的乳化酱汁——荷兰酱汁～
（4人份）

这是一道用澄清黄油代替植物油制作完成的温的乳化酱汁，
必须保持酱汁的温度，不然当温度下降时，
黄油会凝固，从而造成酱汁分离不能使用。
在这个配方中，我使用干白葡萄酒来取代较刺激的醋，
以得到温和的酱汁来搭配鱼或蔬菜。

材料	Materials
干白葡萄酒300毫升	300ml dry white wine
切碎的红葱头（小的紫洋葱）15克	15g chopped shallots （small purple onions）
胡椒粒12颗	12 peppercorns
蛋黄2个	2 egg yolks
澄清黄油200克	200g butter melted
柠檬汁、Tabasco辣椒酱、梅林辣酱油、盐各适量	lemon juice, Tabasco, Worcestershire sauce, salt

制作

1. 将干白葡萄酒、切碎的红葱头和胡椒粒放入平底深锅中加热，并将汤汁收干至原来的一半（图1，图2）。
2. 将酱汁过滤到盆中，稍微冷却后加入蛋黄并搅拌均匀（图3，图4）。
3. 将盆放在热水锅中隔水加热，注意只要保持接近沸腾的温度，但不要使之沸腾。
4. 快速将酱汁搅拌至浓稠，将搅拌器拿起时，酱汁应如同绶带般流下（图5）。
5. 将澄清黄油慢慢地倒入酱汁中并用搅拌器不断搅拌（图6）。
6. 将澄清黄油全部搅拌均匀后，加入柠檬汁、Tabasco辣椒酱、梅林辣酱油和盐调味就可以了。

主厨的小贴士
Tips from the Chef

● 澄清黄油就是将无盐黄油加热融化成液体，只使用融化黄油的油脂部分，不使用融化黄油表面的浮渣，也不使用底部的乳状沉淀物。搅拌完成后口感才会完美且均匀。

● 在制作酱汁时，蛋的温度应和奶油温度保持一致，这样才能顺利搅拌均匀。如果你觉得酱汁太油腻，可以加入1汤匙的热水并在加热时快速地搅拌均匀。

1

2

3

4

5

5

Warm Emulsified Sauces : Béarnaise Sauce
温的乳化酱汁——法式贝阿奈滋酱汁

荷兰酱汁的延伸酱汁。

这道酱汁的材料和制作过程与荷兰酱汁相似，但多添加了龙蒿（Tarragon），即在加热浓缩酱汁时加入龙蒿的茎，最后完成时再撒上切碎的龙蒿叶片就可以了。

Lesson 6
Salads and Appetizers

第6堂课　色拉和开胃菜

可以当成开胃菜或配菜，也可当作主餐的色拉，在西餐中扮演着极重要的角色。

在瑞士，温马铃薯色拉佐热烟熏火腿或佐烟熏香肠就是一道很经典的家庭料理。

至于开胃菜则多半是装在小玻璃杯中上桌，称为Verrine（译注，Verrine 源自法文中的 Verre 玻璃杯）。

这种以小玻璃杯盛装的新潮上菜方式，最初在欧洲掀起了潮流并很快蔓延到全球。在小杯中，除了可放入冷或热的开胃菜外，也可放入冷或热的甜点，从而结合不同风味的食材。

料理习作

巴伐利亚卷心菜丝色拉
Bavarian Cabbage Salad

瑞士马铃薯色拉
Swiss Potato Salad

玻璃杯盛意式玉米糕与综合蘑菇
Verrine with Polenta and Mixed Mushrooms

Bavarian Cabbage Salad
～ 巴伐利亚卷心菜丝色拉 ～
（4人份）

这道色拉经培根、洋葱炒香后，再倒入卷心菜丝呛香，
且必须在调味后静置一下才能上桌，这样卷心菜丝才能吸收酱汁的美味！

材料

卷心菜320克

洋葱40克

大蒜2瓣，切碎

小茴香籽5克

植物油40克

培根80克

白醋20克

盐、胡椒适量

糖10克

Materials

320g cabbage

40g onions

2 cloves of garlic crushed

5g cumin seeds

40g vegetable oil

80g bacon

20g white vinegar

salt, pepper

10g sugar

制作

【食材的处理】

1. 将卷心菜洗净，沥干，切细丝或用刨刀刨成
   细丝，放入容器中（图1）。
2. 将盐、胡椒、糖依次加在卷心菜丝上。
3. 将洋葱也切成细丝。
4. 将培根先切条，再切成丁（图2）。

【煮酱汁】

5. 炒锅中加入植物油预热后，炒香培根，再加
   入洋葱细丝和切碎的大蒜炒香，最后加入小
   茴香籽，拌匀，熄火。

【拌色拉】

6. 将步骤5的成品倒在步骤2的成品上，淋入
   白醋,混匀并静置30分钟至入味后上桌（图3）。

主厨的小贴士
Tips from the Chef

● 卷心菜会因倒入的热油、培根还有洋葱而软化，这种方式制作出来的色拉会比一般将冷培根
  混入卷心菜做出的色拉更加美味。

● 这道色拉可以搭配面包、煎肉、烟熏香肠，或当作抹酱。

● 这道色拉要以室温供应，所以上菜时要确保色拉的温度与室温相同。虽然也可以储藏于冰
  箱，但出菜前应该要稍微加热，其风味才会充分展现。

Swiss Potato Salad

瑞士马铃薯色拉（4人份）

将马铃薯煮熟后，趁热加入酱汁，这样酱汁才能完全被马铃薯吸收！

试试看，会比马铃薯放凉后再拌酱汁更美味！

而且这道色拉在上桌时也要保持温热，

就算先做好了，储藏在冰箱，出菜前也要重新加热后才可以端上桌。

材料

马铃薯4个

洋葱40克

蔬菜高汤或鸡高汤250毫升

白醋100毫升

切碎的巴西利10克

盐、胡椒适量

Materials

4 potatoes

40g onion

250ml broth （vegetable or chicken）

100ml white vinegar

10g chopped parsley

salt, pepper

制作

【食材的处理】

1. 将马铃薯洗净,用盐水煮熟后取出,趁热去皮,
   切厚片（厚约 0.3 厘米）,并放入大盆中。
2. 将洋葱切碎（图 1）。

【煮酱汁】

3. 将高汤倒在另一个锅中,加入洋葱碎和白醋
   煮滚（图 2,图 3）。

【拌色拉】

4. 将煮至沸腾的高汤混合物倒入马铃薯盆中,
   加入切碎的巴西利、盐、胡椒拌匀（图 4）。
5. 试试味道是否需要调整。喜欢的话,你也可
   以加一点美乃滋,但一般来说无此必要。

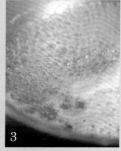

> ## 主厨的小贴士
> ## Tips from the Chef
>
> ● 即使将冷掉的马铃薯重新加热后再加
>   入酱汁,其吸收酱汁的效果还是不及
>   刚煮好的马铃薯。因此在制作这道菜
>   时,要将马铃薯趁热剥皮并马上加入
>   酱汁,然后静置约1小时让酱汁被充分
>   吸收。

Verrine with Polenta and Mixed Mushrooms

玻璃杯盛
意式玉米糕与综合蘑菇（4人份）

这道开胃菜要趁热吃。

香浓绵滑的玉米糕配上煨煮入味的综合蘑菇，

让人瞬间胃口大开，再搭配精致的玻璃器皿，是一道相当受欢迎的开胃料理！

在等待上菜时，可以先把已装填好食物的玻璃杯放入盛有一半热水的平底锅中，

盖紧锅盖并放入80℃的烤箱中保温。

主菜＝意式玉米糕＋综合蘑菇

制作次序＝意式玉米糕┈►综合蘑菇┈►盛盘组装

意式玉米糕 Polenta

材料

蔬菜或鸡制成的白高汤300毫升

粗玉米粉100克

牛奶40毫升

帕梅森干酪或蓝纹奶酪10克 （依喜好添加）

盐、胡椒或Tabasco辣椒酱、豆蔻粉各适量

Materials

300ml white stock （vegetable or chicken）

100g corn meal （coarse ground corn flour）

40ml milk

10g parmesan or blue cheese （to your taste）

salt, pepper or Tabasco, nutmeg

制作

1. 锅中倒入牛奶与白高汤（图1）。

2. 煮滚后倒入粗玉米粉，再次煮滚后一边搅拌
   一边使之保持沸腾状态 3～4 分钟（烹煮时
   间请依玉米粉包装上的烹调建议进行调整）
   （图2，图3）。

3. 加入帕梅森干酪拌匀，并以盐、胡椒或
   Tabasco 辣椒酱、豆蔻粉调味，拌匀后熄火
   （图4）。

> ## 主厨的小贴士
> ## Tips from the Chef
>
> ● 玉米粉倒入后，一定要边搅拌边保持
>   微微沸腾的状态，这样才不会结成颗
>   粒，从而影响口感。

综合蘑菇 Mixed Mushrooms

材料

橄榄油20 毫升

综合蘑菇160克

洋葱40克

马郁兰、盐、胡椒（调味用）

大蒜1瓣

白葡萄酒50毫升

浓缩酱汁50毫升

切碎的巴西利1茶匙

Materials

20ml olive oil

160g mixed mushrooms

40g onion

marjoram, salt, pepper to taste

1 clove of garlic

50ml white wine

50ml gravy

1 teaspoon of chopped parsley

制作

1. 将洋葱和大蒜切碎。

2. 将蘑菇切成一口大小（图1）。

3. 将橄榄油、洋葱碎、大蒜碎入锅炒香后，倒入白葡萄酒呛香（图2）。

4. 加入浓缩酱汁、蘑菇、马郁兰（依喜好添加）和巴西利，以小火煮至汁液收干到一半，最后以盐、胡椒调味，熄火（图3）。

盛盘组装
Decoration

5. 将玉米糕盛入玻璃杯中约1/3处。

6. 盛入炒好的综合蘑菇，并以新鲜的马郁兰碎或巴西利碎装饰（也可不装饰）。

Lesson 7
Poaching

第7堂课　水波煮（低温水煮）

水波煮（Poaching）是指在不超过 80℃的水中煮鱼，从而使蛋白质保留在鱼肉内而不被破坏的一种烹调方式。

由于烹煮时鱼汁仍会流失到煮鱼的水中，所以使用煮鱼的水来做酱汁，就可以使这些流失的风味又回到菜肴里。

这种料理方式不但可以用来煮鱼，还可以用于海鲜、蛋类，甚至是肉类料理上。

在使用水波煮时，必须要控制水的温度并小心地处理食材，这样食材才能变得更加鲜美、软嫩。

依照想要呈现的不同风味，可以使用水、葡萄酒或高汤作为基底。一般是在平底深锅内进行水波煮，如果怕加热过度，也可使用水浴法进行加热。

料理习作

巧妇家庭式水波煮鳎鱼
Sole Poached "Bonne Femme" (Housewife Style)

水波煮鸡肉佐龙蒿酱汁
Poached Chicken in Tarragon Sauce

Sole Poached "Bonne Femme" (Housewife Style)

巧妇家庭式水波煮鳎鱼

（4人份）

在法国，Bonne femme指的是好太太、好女人，
她们会煮一些简单的家庭料理，比如这道料理。
只要小心处理好鱼肉，控制好水温与时间，就能做出味道鲜美的水煮鱼。

材料

鳎鱼片4片

蘑菇8个

洋葱20克（或红葱头2瓣）

大蒜2瓣

白葡萄酒200毫升

鱼高汤100毫升

35%乳脂的鲜奶油200毫升

盐、胡椒、Tabasco辣椒酱、梅林辣酱油各适量

切碎的巴西利少许

Materials

4 filets of sole

8 mushrooms

20g onion

2 cloves of garlic

200ml white wine

100ml fish stock

200ml cream 35%

salt, pepper , Tabasco , Worcestershire Sauce

chopped parsley

制作

【食材的处理】

1. 将洋葱和大蒜切碎（图1）。
2. 将蘑菇切成片状（图2）。
3. 取出鳎鱼片，将每条鱼片先直剖成两半，再斜切成2～3片（图3，图4）。

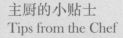

> ### 主厨的小贴士
> ### Tips from the Chef
>
> ● 如果买的是整条鱼，将鱼片取下备用，而剩下的鱼骨头可以用来做高汤。你也可以直接购买鳎鱼鱼片，会更方便。

【水波煮鱼片】

4. 用少许奶油炒香洋葱碎、大蒜碎（图 5）。

5. 将蘑菇片入锅，也炒出香味（图 6）。

6. 淋入鱼高汤和白葡萄酒将锅底焦香物溶解，并持续加热，将汤汁浓缩至原来的三分之二（图 7）。

7. 将鱼片大致卷成鱼卷后，放入锅中，用水波煮低温将鱼片煮熟（最多不超过 5 分钟）（图 8，图 9）。

8. 将鱼片从汤汁中取出并保温。

【熬煮酱汁】

9. 将锅内汤汁浓缩，加入鲜奶油（图 10）。

10. 当酱汁浓缩至适当的黏稠度时，加入盐、胡椒、Tabasco 辣椒酱、梅林辣酱油调味（图 11）。

盛盘组装
Decoration

11. 将一旁的鱼片装盘，淋上酱汁，再撒上切碎的巴西利装饰（这道料理可搭配米饭或水煮马铃薯一同上菜）（图 12）。

主厨的小贴士
Tips from the Chef

- 煮鱼的汤汁浓缩至原来的三分之二时，要将火力转小后再放入鱼肉烹煮，且要等到底部的鱼肉变白定型后，再翻面续煮。

- 当鱼肉中心温度到达65℃或摸起来紧实不松软时，就代表已经熟了，可以熄火，取出鱼肉，并将之保温。煮过头的鱼肉会变得干涩且难以咀嚼，所以通常煮鱼的过程不会超过5分钟。

- 这道菜的酱汁必须呈现乳霜状，也就是说，将汤匙从酱汁中提起时，酱汁会完全包覆在汤匙上而不会滴下来。

Poached Chicken in Tarragon Sauce

水波煮鸡肉佐龙蒿酱汁
（4人份）

低脂的鸡胸肉与鱼肉一样，都很容易被煮过头，
从而变得干、柴，难以入口。以水波的低温慢煮，
就能轻松地掌握其肉质的熟度，做出美味的鸡肉料理。

材料

去骨去皮的鸡胸肉4块

白葡萄酒200毫升

鸡高汤 200毫升

35%乳脂的鲜奶油100毫升

龙蒿5克

洋葱碎20克

蒜末5克

黄油20克

盐、胡椒、Tabasco辣椒酱

熟米饭、综合蔬菜（切小细丁）、橄榄油各适量

Materials

4 chicken breasts, trimmed, no bone or skin

200ml white wine

200ml chicken stock

100ml cream 35%

5g tarragon

20g onion chopped

5g garlic crushed

20g butter

salt, pepper, Tabasco

boiled rice, brunoise, olive oil

制作

【水波煮鸡肉】

1. 将黄油入锅，加热至融化。

2. 将洋葱碎和蒜末放入锅中炒至软化（洋葱碎会变得晶亮透明）且出香味，淋入白葡萄酒，将锅底焦香物溶解，并持续加热将汤汁浓缩至原来的一半。

3. 加入鸡高汤、龙蒿和鸡胸肉，以小火煨煮至熟(大约15分钟),将鸡胸肉取出并保温(图1)。

4. 再次将锅中汤汁浓缩至一半,加入鲜奶油、盐、胡椒、Tabasco 辣椒酱拌煮均匀，使其入味，熄火。

【做配菜】

5. 将熟米饭与综合蔬菜（Brunoise）混合，用橄榄油炒香以增加色泽与香味，起锅。

盛盘组装
Decoration

6. 将炒熟的米饭先盛入盘中，再将煮好的鸡胸肉切片并排放于米饭上。淋上酱汁，以新鲜的香草装饰即可（图2）。

主厨的小贴士
Tips from the Chef

● 炒香洋葱碎与蒜末时，油温不要过高，火力也不要太大，慢慢炒香炒软就可以了。

● 鸡胸肉煮熟起锅后，不要急着切片，等到酱汁熬煮好后再切片组装盛盘。盛盘前，鸡胸肉与配菜的米饭要记得保温，这样上菜时，酱汁与菜肴才不会因为冷热不同的温差而影响口感。

Lesson 8
Boiling

第8堂课　滚水煮

　　滚水煮，是一种将食物置于沸腾的液体或刚冒出气泡的微滚液体中烹调的方法，也是最古老的烹饪方法之一。从石器时代开始，人类就知道使用此种方法以及火烤法来烹煮食物。因为我们会将锅中的汁液一并用于菜肴的制作上，所以食材的所有风味都能被保留下来。不论是肉、鱼、蔬菜还是以上几种混合，都可以用此方法煮成菜肴，而剩下的汁液则可制作汤。

　　对于不同的食材，滚水煮的方法也不尽相同。马铃薯、水分含量低的蔬菜、骨头等食材适合放在冷水中加热至沸腾。这种方法可以使食材均匀吸收水分和受热，以免内部还没熟透，外表就因过度加热而变硬。

　　另外，制作澄清高汤、肉冻时，要在不加盖的情况下以微滚的水小火煮，以免产生混浊现象。意大利面和米则应在不加盖的情况下，以完全沸腾的滚水煮，以免面条或米饭的表面因糊化作用而黏结。

　　此外，已经进行过氽烫处理的肉类和禽类，如牛肉、羊肉、鸡肉等，则应放入刚煮沸的高汤或水中，在不加盖的情况下持续煮几分钟，以关闭表面孔隙，之后再转小火以略低于沸点的温度烹煮，如果汤汁减少，可依需要添加液体。

料理习作

培根蛋奶面
Pasta Carbonara

法式蔬菜炖牛肉汤
Pot au Feu

Pasta Carbonara

⤳ 培根蛋奶面 (4人份) ⤲

在制作这道料理时，将会使用滚水煮的方法将意大利面煮熟。
在煮意大利面时，必须要让面与水的比例保持1:10，
也就是说1千克的意大利面需要用10千克的水煮。
蛋奶面有许多不同的做法，以下将介绍
使用鲜奶油、蛋黄以及培根所制成的培根蛋奶面。

材料

细圆意大利面或其他种类的意大利面400克

水4千克

培根或意大利风干培根120克

蒜末（2瓣）

鲜奶油200毫升

生蛋黄4个

磨碎的帕梅森干酪或意大利佩克里诺羊奶奶酪120克

切碎的巴西利10克

（使用扁叶巴西利或意大利巴西利会更完美）

橄榄油、盐、现磨胡椒各适量

Materials

400g spaghetti or other pasta

4 kgs of water

120g bacon or pancetta

2 cloves of garlic, crushed

200ml cream

4 egg yolks

120g parmesan grated or pecorino grated

10g chopped parsley

（preferably flat or Italian parsley）

olive oil, salt, pepper from the pepper mill

制作

【食材的处理】

1. 取出培根，先切成宽约2厘米的条片，再切成小丁片（图1）。
2. 将水煮滚，加入少许盐和意大利面（图2）。
3. 将面条煮至弹牙，捞起沥干水分（图3）。

> ### 主厨的小贴士
> ### Tips from the Chef
>
> - 意大利文 Al dente 代表弹牙有嚼劲的意思。要测试意大利面是否煮到此程度，你可以从锅中取出一根意大利面，将它撕成两段（不可用刀切）。当你可从面的中心看到白点时，就代表煮好了。
> - 当意大利面煮到弹牙（al dente）的程度时，必须马上从热锅中取出沥干并放入冰水中快速冷却，再次沥干备用。如果煮好后需要马上使用，你可以跳过冷却的步骤，直接从热锅中取出意大利面沥干，依照食谱的指示烹调即可。

【炒制培根奶油】

4. 在炒锅中加入橄榄油烧热，放入培根，慢慢
   炒至香酥上色,再加入蒜末炒出蒜香味 (图 4)。

5. 倒入鲜奶油，再撒上磨碎的帕梅森干酪，以
   小火煮滚后以盐、现磨胡椒调味（图 5）。

6. 将煮至弹牙且沥干的意大利面放入锅中拌煮
   均匀，熄火（图 6）。

盛盘组装
Decoration

7. 将意大利面盛入盘中，撒上切碎的巴西利，并
   将蛋黄置于面条中央即可上桌。待要食用前，
   再将蛋黄拌入面条（图 7）。

主厨的小贴士
Tips from the Chef

● 蛋奶面有许多不同的做法：有些人使
  用鲜奶油和全蛋，有些人使用鲜奶油和
  蛋黄，也有些人只用蛋而不用鲜奶油。
  此外，在培根的选择上也有不同，有些
  人偏好用烟熏培根，也有些人主张用意
  大利风干培根。你可以根据自己的喜好
  选择。

Pot au Feu

～∞ 法式蔬菜炖牛肉汤 (4人份) ∞～

这是一道在法国和瑞士都极受欢迎的欧洲料理。

牛肉在煮的时候可以整块煮，等到上菜前再切成小块；

也可以直接将牛肉切成小块再煮。我使用的是后一种做法，

这样上菜的时候比较方便，烹煮的时间也能缩短。

法式蔬菜炖牛肉汤 Pot au Feu

材料

牛肉（牛肩肉或牛腿肉）600克

青蒜200克

胡萝卜200克

西芹200克

卷心菜200克

洋葱200克

大蒜4瓣

芜菁或白萝卜200克

水2千克

月桂叶4片

百里香2支

盐、胡椒各适量，一小撮番红花

切碎的巴西利或虾夷葱少许（装饰用）

materials

600g stewing beef （shoulder or leg）

200g leeks

200g carrots

200g celery

200g white cabbage

200g onion

4 cloves of garlic

200g turnip or white radish

2 kgs of water

4 bay leaves

2 twigs of thyme

salt, pepper, a pinch of saffron

chopped parsley or chives for garnish

制作

【食材的处理】

1. 将牛肉切成块状（不要太大）（图1）。

2. 将青蒜、胡萝卜、西芹、卷心菜和白萝卜切
   成与牛肉大小相似的块状（图2）。

3. 将洋葱切片、大蒜切碎（图3）。

【牛肉汤】

4. 用少许油炒香洋葱和大蒜碎，再加入切块的
   蔬菜和牛肉（图4）。

5. 加入月桂叶、百里香和水，大火煮滚后加入盐、
   胡椒和番红花（图5，图6）。

6. 将火转小使汤维持在微滚状态。烹煮时要不
   断地撇去汤表面的浮渣（图7）。

7. 煮至牛肉全熟即可熄火（图8）。

盛盘组装
Decoration

8. 将牛肉汤盛入汤盘，撒些切碎的巴西利。

9. 可搭配法棍面包或是大蒜面包。这是一道健康
   营养的炖汤，很适合在冬天食用（图9）。

主厨的小贴士
Tips from the Chef

● 若想要更优雅、细致地呈现这道料理，
  可以用牛腰肉（菲力）取代牛肩肉，加
  一只全鸡，并将蔬菜切成大块。

● 牛肉在锅中煮滚后加入调味料并撇去
  汤表面的浮渣，以小火炖煮约半小时。

● 加入全鸡和蔬菜，再继续煮1小时。假
  如只想让牛肉五分熟或不到五分熟，当
  牛肉中心的温度适当后，即可将牛肉从
  汤锅中取出并放置在一旁保温。

● 将鸡与牛肉取出切片，和蔬菜一起摆盘。

● 上菜时可搭配腌黄瓜与芥末酱等调味
  食品。

Lesson 9
Steaming

第9堂课　蒸

蒸食物时，可使用一般蒸汽或高压蒸汽。本书介绍的是在锅中放入水与蒸网，并盖上锅盖来进行蒸的一般蒸汽法。

一般而言，蒸能保持食材的风味、颜色与质地。此外，食物蒸熟后可以直接上桌，不需要另外烹调。

如果你有中式蒸笼，便可以用来做以下料理。事实上，使用中式蒸笼的效果好极了。

料理习作

蒸干贝佐粉红胡椒酱汁
Steamed Scallops with Pink Peppercorn Sauce

蒸牛腰肉佐杜松子泡泡与焗烤马铃薯
Steamed Beef Tenderloin with Juniper Foam and Potato Gratin

Steamed Scallops with Pink Peppercorn Sauce
蒸干贝佐粉红胡椒酱汁（4人份）

这道料理要使用大干贝，而非小干贝。

新鲜的干贝肉质鲜嫩、香甜，不宜蒸煮过久，

否则易将干贝煮过头，从而失去其独特的鲜美味道。

所以做这道料理时，必须将酱汁、配菜都先制作完成，才能开始料理干贝。

主菜＝蒸干贝　酱料＝粉红胡椒酱汁　配菜＝奶油米饭

制作次序＝粉红胡椒酱汁➤蒸干贝、奶油米饭➤组装

材料

直径2~3厘米的大干贝12个

粉红胡椒粒10克

苹果汁100毫升

原味酸奶200克

奶油

盐、柠檬汁（1/2个柠檬的量）

梅林辣酱油、Tabasco辣椒酱各适量

半熟的长粒大米或香米饭160克

Materials

12 pieces of big scallops (2 ~ 3 cm diameter)

10g pink peppercorns

100ml apple juice

200g yoghurt plain

cream

salt, lemon juice from 1/2 lemon

Worcestershire Sauce, Tabasco

160g parboiled rice, long grain or perfumed rice

制作

【酱汁制作】

1. 锅中倒入苹果汁和粉红胡椒粒，将其煮沸、浓缩至原来的一半（图1，图2）。
2. 转小火并加入原味酸奶，边煮边搅拌均匀（图3，图4）。
3. 加入梅林辣酱油及Tabasco辣椒酱调味，熄火（图5，图6）。

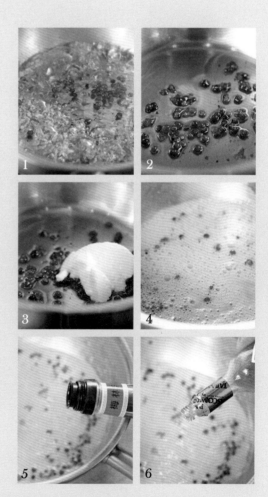

【蒸干贝】

4. 干贝去除结缔组织，用盐和柠檬汁调味（图7）。

5. 在平底深锅中放入大小合适的滤网或蒸网。
   将水倒入平底深锅中，但水高要低于蒸网。

6. 盖上锅盖将水煮滚，把调味好的干贝放在蒸
   网上，盖上盖子蒸几分钟（图8）。

【炒奶油米饭】

7. 另取一锅，用奶油炒香米饭，起锅（图9）。

盛盘组装
Decoration

8. 掀开蒸锅的盖子，用手指按压干贝确认熟度，
   当干贝变得紧实，就代表已经蒸好了，可以
   熄火（图10）。

9. 将蒸好的干贝放入酱汁中略煮一下，熄火
   （图11）。

10. 将奶油米饭盛入盘中。

11. 排入干贝，淋上酱汁即可（图12）。

主厨的小贴士
Tips from the Chef

● 在制作这类料理时，要在酱汁和配菜
  准备好后再进行主菜的制作（在这个
  食谱里，干贝是主菜）。

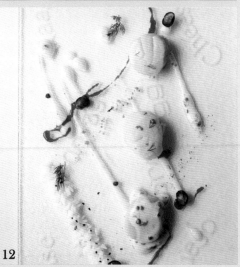

Steamed Beef Tenderloin with Juniper Foam and Potato Gratin

蒸牛腰肉佐杜松子泡泡与焗烤马铃薯 （4人份）

和蒸干贝佐粉红胡椒酱汁一样，这道料理可保留食材的完整风味。
杜松子泡泡可将肉的风味衬托得更完美，而焗烤马铃薯则能增加这道菜的分量。
同样要注意的是，需要等酱汁与配菜都做好之后再开始蒸牛腰肉。

主菜＝蒸牛腰肉　酱料＝杜松子泡泡　配菜＝焗烤马铃薯

制作次序＝焗烤马铃薯⋯▶杜松子泡泡⋯▶蒸牛腰肉⋯▶组装

蒸牛腰肉佐杜松子泡泡与焗烤马铃薯
Steamed Beef Tenderloin with Juniper Foam and Potato Gratin

材料	Materials
牛腰肉4块（每块150克）	4 tenderloin steaks (150g each)
蛋黄2个	2 egg yolks
白葡萄酒100毫升	100ml white wine
杜松子粉2克	2g juniper berries ground
去皮马铃薯460克	460g potatoes peeled
大蒜2瓣	2 cloves of garlic
牛奶120毫升	120ml milk
35%乳脂的鲜奶油120毫升	120ml cream 35%
盐、白胡椒或Tabasco辣椒酱、豆蔻粉适量	salt, white pepper or Tabasco, nutmeg
磨碎的帕梅森干酪60克	60g parmesan grated
黄油20克	20g butter

制作

【焗烤马铃薯】

1. 将去皮马铃薯切成 0.3 厘米厚的圆片，大蒜切碎（图 1）。

2. 锅中倒入牛奶与鲜奶油，再加入切碎的大蒜、盐、白胡椒或 Tabasco 辣椒酱、豆蔻粉一起煮沸（图 2）。

3. 加入马铃薯片后再次煮沸。离火后，加入一半磨碎的帕梅森干酪（图 3）。

4. 将马铃薯片倒入抹好黄油的烤盘中，再撒上另一半磨碎的帕梅森干酪，移入已预热至 160℃的烤箱中，上火 220℃，烤约 30 分钟。待马铃薯片表面焗烤至呈金黄色时，熄火，取出（图 4）。

【做杜松子泡泡】

5. 将蛋黄与白葡萄酒倒入锅中混合均匀。

6. 以小火慢慢加热（或隔水加热），慢慢搅打至呈乳霜状，加入杜松子粉拌匀，再以白胡椒和盐调味即可（图 5）。

【蒸牛腰肉】

7. 在焗烤马铃薯片的同时，将牛腰肉用棉绳束绑扎实（图 6，图 7，图 8）。

8. 均匀撒一些盐、白胡椒在肉上调味（图 9）。

9. 在平底深锅中放入大小合适的滤网或蒸网。将水倒入锅中，但水的高度要低于蒸网。

10. 盖上锅盖将水煮滚后，把调味好的牛腰肉放在蒸网上，再盖上盖子蒸到喜好的熟度（当牛排的中心温度达到 58～60℃时，大约为 5 分熟）。熄火，取出，先保温（图 10）。

盛盘组装
Decoration

11. 将焗烤马铃薯片排入盘中。

12. 将每块牛肉斜切成 3 片，排放在焗烤马铃薯片旁。

13. 淋上杜松子泡泡即可（图 11）。

Lesson 10
Deep Fat Frying

第10堂课　油炸

油炸法是一种适用于中小型食材的快速烹饪法，比如鱼、肉、蔬菜、马铃薯等食物都可以用油炸法来制作。

在油炸前，食材应先恢复到室温（冷冻马铃薯、虾、洋葱圈除外）并避免表面带有太多水分。

油炸时，油量要足够，且温度应该控制在160～180℃。由于放入的食材会使油温下降，所以在制作油炸料理时应该分批炸，不要一次放过多的食材到油锅中，以免油温降低，导致食材吸收太多油分。只有维持一定高温的油炸才可以使食材表面产生酥皮，从而形成保护层以防止油渗入食材中。同时要注意，在油炸时，千万不要将油锅或油炸机加盖使用，因为盖子会使水蒸气无法散出而使面衣软化，也会使油锅或油炸机温度过高而导致火灾。

除了要有足量的油以外，做油炸料理还要准备够大的锅，使油量低于锅的一半，如此一来才能防止油炸时热油溅出来。此外要避免直接在油炸锅中撒入盐，因为盐会使热油产生老油味并产生对人体有害的化学成分。

油炸后将食材沥干油分并摆在厨房纸巾上吸收油分。

料理习作

虾米花佐田园色拉
Pop Corn Shrimp with Garden Greens

炸牛柳佐烤马铃薯
Chicken Fried Steak with Baked Potato

Pop Corn Shrimp with Garden Greens

虾米花佐田园色拉 （4人份）

这是一道可以当开胃菜或主菜的轻食料理。

搭配虾米花的酱料是受人喜爱的莎莎酱，经小火慢炒、熬煮而成，

与许多人习惯或熟知的、以拌的方式制成的莎莎酱有所不同，这种酱口感更加香浓、滑润。

为了均衡口感与营养，我还配了爽口的田园色拉，让这道油炸料理更加美味！

主菜＝虾米花　酱料＝莎莎酱　配菜＝田园色拉

制作次序＝莎莎酱┅►虾米花┅►田园色拉┅►组装

莎莎酱 Salsa

材料

橄榄油20毫升

洋葱1个，切成丁状

青灯笼椒1个，切成丁状

小红辣椒1个，切成片

小茴香粉1/2茶匙

芫荽粉1/2茶匙

蒜末（1瓣）

盐、糖和黑胡椒少许

罐头西红柿400克，切碎

Materials

20ml olive oil

1 onion cut in dice

1 green bell pepper cut in dice

1 small chili cut in fine slices

1/2 tsp ground cumin

1/2 tsp ground coriander

1 clove of garlic crushed

pinch of salt, sugar and black pepper

400g canned tomatoes, chopped

制作

1. 锅中加入橄榄油预热，倒入洋葱、青椒、蒜末，以小火慢慢地炒至软化但还没上色的状态（图1）。
2. 加入小红辣椒、小茴香粉、芫荽粉和黑胡椒，并继续炒2分钟（图2）。
3. 加入罐头西红柿（图3）。
4. 继续煮约5分钟，将锅中的汁液浓缩至呈浓稠状（图4）。
5. 以盐、糖调味，熄火，冷却（图5）。

主厨的小贴士
Tips from the Chef

- 炒蔬菜丁时，火力不要太大，以小火慢慢将蔬菜丁炒软、炒出香味就可以了。不要炒过头，否则会影响莎莎酱完成后的风味与口感。
- 莎莎酱可当作冷热食物的蘸酱，也可以与墨西哥卷饼、玉米片、甚至与薯片一起食用。

虾米花 Pop Corn Shrimp

材料

新鲜虾仁600克

鸡蛋1个

白葡萄酒125毫升

玉米粉60克

面粉60克

百里香1/4茶匙

盐5克

黑胡椒3克

红辣椒粉3克

大蒜1瓣

食用油适量

Materials

600g shrimp

1 egg

125ml white wine

60g corn meal

60g flour

1/4 tsp thyme

5g salt

3g black pepper

3g cayenne pepper

1 clove of garlic

oil for frying

制作

【食材的处理】

1. 将虾仁浸泡冷水后取出并吸干水分,再略切为
   大块（图1）。

2. 将大蒜切细末。

【调制面糊】

3. 在搅拌盆中放入鸡蛋、玉米粉、面粉、百里香、
   盐和黑胡椒（图2）。

4. 淋入白葡萄酒,将搅拌盆中的材料一同搅拌
   均匀（图3）。

5. 加入红辣椒粉,再次搅拌均匀后即为虾米花
   的面糊（图4）。

【油炸虾米花】

6. 将吸干水分的虾仁浸入面糊中,拌匀（图5）。

7. 油倒入锅中,加热至180℃,分多批放入沾裹
   面糊的虾仁油炸,每批油炸2～3分钟(图6)。

8. 虾仁离锅后,放置在纸巾上沥除油分,等待
   盛盘组装（图7,图8）。

> **主厨的小贴士**
> Tips from the Chef
>
> ● 使用大小适中的新鲜虾仁来制作,才
>   能获得扎实、鲜香且Q弹的口感。
> ● 新鲜虾仁若不好购买,可选购鲜虾
>   (如草虾),再去除虾壳即可。
> ● 虾仁在清洗泡水后,一定要吸干水分。
> ● 在将虾仁拌入面糊时,若觉得面糊太
>   湿,可适量加些面粉,这样油炸后,
>   虾米花的面衣才会既好看又完整。

完成

田园色拉 Garden Greens

材料	Materials
蔬菜	vegetables
橄榄油、意大利巴萨米哥香醋	oil and Balsamico vinegar
盐、黑胡椒	salt and black pepper

制作

1. 蔬菜部分，可使用莴苣生菜叶和小西红柿。
2. 酱汁部分，将橄榄油和香醋以2：1的比例混合均匀，以盐和黑胡椒调味，即为田园色拉的油醋酱。

盛盘组装
Decoration

3. 将一小把莴苣生菜叶放在盘子中间，并淋上油醋酱。
4. 将虾米花摆在色拉上，并以巴西利和小西红柿装饰。
5. 将莎莎酱放置在一旁，一起上桌。

Chicken Fried Steak with Baked Potato

炸牛柳佐烤马铃薯 （4人份）

这道料理可以说是小朋友的最爱，也是我小时候我的母亲常做的一道料理。

对于牛肉，成人都爱整块地煎或烤来享用，

但对于刀叉拿得还不是很稳且牙齿也可能还有一些脆弱的小朋友来说，

将肉分切成一小条一小条，入锅油炸至香酥，最合适不过了！

主菜＝炸牛柳　配菜＝烤马铃薯

制作次序＝烤马铃薯···▶炸牛柳···▶做烤马铃薯的酱料···▶盛盘组装

炸牛柳佐烤马铃薯 Chicken Fried Steak with Baked Potato

材料

牛里脊肉或肋骨牛排600克

面粉150克

面包屑200克

鸡蛋2个

黑麦威士忌50毫升

大马铃薯 4个

酸奶油250毫升

新鲜的虾夷葱或青葱50克

食用油适量

铝箔纸（包马铃薯用）

柠檬（纵切成月亮形备用）1个

盐、胡椒、匈牙利红椒粉各适量

Materials

600g sirloin or rib steak

150g flour

200g bread crumbs

2 eggs

50ml rye whisky

4 big potatoes

250ml sour cream

50g fresh chives or green onion

oil for frying

aluminum foil for the potatoes

1 lemon cut into wedges

salt, pepper, paprika

制作

【烤马铃薯】

1. 将马铃薯洗干净，包好铝箔纸，放入预热170℃的烤箱内烤 45～60 分钟。（可以插入针或小刀以确认是否烤熟。）

【炸牛柳】

2. 将肋骨牛排切成 1 厘米厚，8～10 厘米长的条状，并以盐、胡椒、红椒粉和黑麦威士忌腌半小时（图 1）。

3. 将鸡蛋在盆中打散，面粉和面包屑分别放在不同的盘子里。将腌好的牛柳条依次均匀沾裹面粉、蛋液、面包屑，并轻轻按压使面包屑固定（图 2，图 3，图 4，图 5）。

4. 将食用油加入锅中，加热至180℃，将沾好面包屑的牛柳条分批在油锅中炸 1～2 分钟至半熟状态，取出，沥干油（图 6，图 7）。

【烤马铃薯酱汁】

5. 将青葱的叶子部分（或虾夷葱）切细末，与酸奶油混合均匀后即为酸奶酱（图 8，图 9）。

盛盘组装 Decoration

6. 将马铃薯从中央纵向切开并从两端挤压，使切口打开，放入 1 汤匙酸奶酱（图 10，图 11）。

7. 将烤马铃薯放入盘中。

8. 排放上炸牛柳条。

9. 用柠檬装饰即可。

主厨的小贴士 Tips from the Chef

● 腌好的牛肉一定要依序沾好面糊，而且最后一定要用手轻压，使最外层的面包屑牢牢固定，这样油炸时粉衣才不会脱落。

Lesson 11
Sautéing

第11堂课　嫩煎

嫩煎可以在炒锅内进行，讲究一点的话，还可以选择具有不粘锅涂层的炒锅。这样在嫩煎时，就只需添加一点油，甚至不用加油。

除此之外，你也可以用中华炒锅，它绝佳的导热能力很适合用来嫩煎食物。在嫩煎肉类时，必须要维持锅内的温度，并在最短时间内将肉煎到理想的熟度。

嫩煎可用来处理蔬菜，也可用来煎猪排、牛排、禽鸟类、鱼类等，并使食材表面上色。

主厨真心话

不要一下放太多肉到锅里，除了很难翻面外，肉也会因为肉汁的流失而变得很硬。在嫩煎肉类时，可以移动炒锅并不停地搅拌，使肉均匀上色。然后将肉取出来保温，并在同样的锅内准备酱汁，之后再把肉放回酱汁中，但不需要煮滚。

料理习作

主厨俄罗斯牛肉佐自制面疙瘩
Beef Stroganoff My Way with Homemade Doughball

苏黎世式猪里脊佐瑞士马铃薯丝饼
Veal Zurich Style and Rösti Potatoes

Beef Stroganoff My Way with Homemade Doughball

主厨俄罗斯牛肉佐自制面疙瘩（4人份）

Beef Stroganoff是一道典型的俄罗斯料理，源自19世纪的俄罗斯，

而后也在伊朗、欧洲、北美、澳洲等地受到喜爱，

是一道味道香浓、醇厚的美味料理。传统的做法是将牛肉炒、煮过后，

加入酸奶来收浓酱汁，在这里我改用鲜奶油来制作，一样很美味！

主菜＝主厨俄罗斯牛肉　　配菜＝自制面疙瘩

制作次序＝主厨俄罗斯牛肉 ➤ 自制面疙瘩

主厨俄罗斯牛肉 Beef Stroganoff My Way

材料

牛腰肉600克

切碎的洋葱50克

切成细丝的腌黄瓜1根

白兰地100毫升

红葡萄酒100毫升

浓缩酱汁100毫升

35%乳脂的鲜奶油或酸奶200毫升

匈牙利甜红椒粉100毫升

橄榄油或植物油150毫升

盐、胡椒适量

蘑菇（依喜好添加）100克

Materials

600g beef tenderloin

50g onion chopped

1 dill pickle cut into small strips

100ml cooking brandy

100ml red wine

100ml gravy

200ml cream 35% or sour cream

100ml paprika sweet

150ml olive or vegetable oil

salt, pepper

100g mushrooms （optional）

制作

【食材的处理】

1. 将牛腰肉去除筋膜，切成小丁块（图1）。

2. 将切好的牛肉丁与匈牙利甜红椒粉、盐、胡椒、50 毫升植物油和 50 毫升白兰地混合均匀，腌制约半小时（图2，图3）。

【嫩煎牛肉】

3. 热锅中加入剩余的植物油后，快速地嫩煎牛肉丁 1～2 分钟，之后加入切碎的洋葱和蘑菇炒 1 分钟（图4，图5）。

4. 淋入红葡萄酒与剩余的 50 毫升白兰地以溶化锅底的焦香物，加热浓缩后再加入浓缩酱汁。

5. 将鲜奶油倒入锅中，继续加热熬煮至黏稠。

6. 将腌黄瓜丝入锅一同煮至酱汁收干，熄火。

> ## 主厨的小贴士
> ## Tips from the Chef
>
> ● 如果使用酸奶做酱汁，就要先把浓缩酱汁浓缩后再加入酸奶拌匀，但不要继续加热，续接做法6即可。

自制面疙瘩 Homemade Doughball

材料

面粉450克

盐10克

水230毫升

澄清黄油40克（相关说明请见P.46荷兰酱汁）

鸡蛋2个

Materials

450g flour

10g salt

230ml water

40g melted butter

2 eggs

制作

1. 将面粉与盐过筛后，先与适量澄清黄油及鸡蛋混合，再加入水搅拌均匀，使之成为浓稠的面糊（图1）。

2. 取一个小汤匙依次舀起面糊，放入煮滚的盐水中，煮到浮出水面后，捞起沥干水分，即为面疙瘩（图2）。

3. 将平底锅加热，用少许澄清黄油将面疙瘩拌炒一下即可（图3）。

盛盘组装
Decoration

4. 将炒好的面疙瘩盛入盘中，放上煮好的牛肉丁（图4）。

5. 淋上煮牛肉丁的酱汁。

6. 撒上巴西利碎和红椒粉即可（图5）。

主厨的小贴士
Tips from the Chef

● 将步骤1的水分减少些，拌成面团，静置，醒面约1小时，再置于小板子上，用抹刀将面团刮切成每个约5厘米长的薄条状，再投入盐水中煮熟，就是另一种面疙瘩。

● 煮好的面疙瘩入锅用黄油炒一下，吃起来会更香。不加黄油炒香，煮熟后直接与主菜一起食用也可以。

Veal Zurich Style and Rösti Potatoes

苏黎世式猪里脊佐
瑞士马铃薯丝饼（4人份）

这道料理在苏黎世相当有名且世代相传。鲜嫩的肉片经浓稠的鲜奶油酱汁微煮后，
味道鲜美无比。最地道的做法是以小牛肉来制作，如果不易买到小牛肉，
可以改用猪里脊。

主菜＝苏黎世式猪里脊　配菜＝瑞士马铃薯丝饼

制作次序＝苏黎世式猪里脊 ➤瑞士马铃薯丝饼 ➤组装

苏黎世式猪里脊 Veal Zurich Style

材料

猪里脊或小牛里脊560克

黄油30克

切碎的洋葱30克

切片的蘑菇200克

白葡萄酒120毫升

白兰地50毫升

浓缩酱汁100毫升

35%乳脂的鲜奶油200毫升

切碎的巴西利4克

盐、胡椒、梅林辣酱油、柠檬汁适量

Materials

560g pork or veal loin

30g butter

30g onion chopped

200g mushrooms sliced

120ml white wine

50ml brandy

100ml gravy

200ml cream 35%

4g chopped parsley

salt, pepper, Worcestershire Sauce, lemon juice

制作

【食材的处理】

1. 将猪里脊切片,撒少许的盐,轻轻抓腌一下(图1)。

2. 在猪里脊上撒些面粉,拌匀,置于备菜盘上(图2)。

3. 将切碎的洋葱、切片的蘑菇和切碎的巴西利也都在备菜盘上准备好（图3）。

【嫩煎猪里脊】

4. 锅中抹少许油,加热,放入已抓腌、拌面粉的肉片嫩煎（图4）。

5. 待肉片嫩煎上色,取出,放到滤网中,并收集流下的肉汁（图5）。

6. 在炒肉片的锅中加入黄油,将洋葱碎和蘑菇片炒软且上色（图6,图7）。

7. 淋入白葡萄酒和白兰地以溶化锅底的焦香物（图8）。

8. 持续加热使汤汁浓缩到一半时加入浓缩酱汁(可依喜好添加)、滤出的肉汁和鲜奶油,再继续加热浓缩到适当的浓度（图9,图10）。

9. 以盐和胡椒调味,淋上少许梅林辣酱油,撒上柠檬汁,再加入肉片,拌煮一下,盛出,撒上巴西利碎即可（图11,图12）。

主厨的小贴士
Tips from the Chef

- 肉片先用少许盐抓腌,腌过的肉片带有些许咸味,搭配外层浓浓的酱汁,口感会更一致。这样也不会出现酱汁有味,肉片无味的美味落差。

- 除了肉片外,最早的苏黎世式小牛肉还会加入牛腰子（牛的肾脏）,又是另一番风味。

瑞士马铃薯丝饼 Rösti Potatoes

材料

去皮生马铃薯600克

黄油50克

洋葱70克，切碎

培根70克，切小丁

盐、胡椒各适量

Materials

600g peeled potatoes, uncooked

50g butter

70g onions chopped

70g bacon cut into small dices

salt, pepper

制作

1. 用磨碎器圆孔的一面将去皮马铃薯刨成丝(图 1，图2)。

2. 锅中放入黄油，加热使黄油融化，再放入培根小丁与洋葱碎慢慢炒香（图3)。

3. 将炒香的培根丁及洋葱碎倒在马铃薯丝上，搅拌均匀并加入盐、胡椒调味（图4)。

4. 将已调味且拌匀的马铃薯丝放回刚刚炒香培根的热锅中（图5)。

5. 拌炒至马铃薯丝快熟时，将马铃薯丝塑形成圆饼状，慢慢将两面煎至呈金黄色即可(图6，图7)。(将马铃薯丝饼翻面时，可以将比较大的盘子盘面朝下放在锅上，并与锅一起翻转，然后再把马铃薯从盘子滑回锅中。)

盛盘组装
Decoration

6. 将苏黎世式猪里脊和瑞士马铃薯丝饼分别盛装，再一起上菜。也可先将苏黎世式猪里脊盛入盘中，再放上瑞士马铃薯丝饼。

1

2

4

6

完成

Lesson 12
Grilling

第12堂课　烧烤

烧烤方式可用于加工肉类、鱼类以及蔬果类。在烧烤时，肉类的油脂会滴落到烧烤盘内而舍弃不用，所以无需担心摄取太多油分。

在烧烤前，肉类可提前调味或先放入含有醋、葡萄酒等酸性液体的酱汁中腌制至少 30 分钟。腌制不但能增加食材的香味，还可以使食材软化并多汁，用来腌制的汁液还能刷在烧烤食物上，增加风味。

体积较小的食材如牛排、小型鱼类、香肠等可使用高温快速烧烤。体积较大的食材则可以先用高温，再以较低的温度烧烤。尽量避免使用叉子或刀刺入烧烤肉中来确认熟度，因为叉子或刀产生的缺口会使肉汁流失，导致整块肉变干并丧失口感。

假如是使用户外的烧烤炉来制作，可以使用牧豆树木柴（Mesquite）或具有香气的木屑作为燃料，这会使烧烤的食物更具有风味。

主厨真心话

为了防止食物粘黏，有些人会先在食物上抹油，但是我更建议用浸过油的布来涂抹烤架，或使用不粘的烤架。

此外，烤架或烧烤盘一定要先预热，这样才能将肉的表层迅速封住，避免肉汁流失。

料理习作

烧烤牛腰肉佐综合蔬菜与法式贝阿奈滋酱汁
Grilled Beef Tenderloin with Mixed Vegetables and Béarnaise Sauce

烧烤羊排佐迷迭香酱汁
Grilled Lamb Chops with Rosemary Dressing

Grilled Beef Tenderloin with Mixed Vegetables and Béarnaise Sauce

～烧烤牛腰肉佐综合蔬菜与～
法式贝阿奈滋酱汁（4人份）

牛腰肉油脂含量较少，经过烧烤后，非常适合搭配法式贝阿奈滋酱汁。
这道酱汁由法国名厨Chef Collinet于1836年为一家位于巴黎郊外的亨利四世餐厅开业所研发。
绵密又充满乳香味的酱汁让这道料理更加美味！

主菜＝烧烤牛腰肉　酱汁＝法式贝阿奈滋酱汁　配菜＝综合蔬菜

制作次序＝综合蔬菜·▶法式贝阿奈滋酱汁·▶烧烤牛腰肉·▶组装

材料

牛腰肉4块（每块140克）

综合蔬菜480克，切丁

黄油30克

盐、胡椒各适量

法式贝阿奈滋酱汁（更多说明请见P.46、P.47
荷兰酱汁章节）

Materials

4 tenderloins (140g each)

480g mixed vegetables

30g butter

salt, pepper

Béarnaise sauce

制作

1. 将烧烤盘先预热。

2. 将牛腰肉修切之后，撒上少许盐、胡椒略微
   调味（图1）。

3. 将综合蔬菜汆烫后，用黄油炒香并调味，熄火，
   盛起。

4. 将牛腰肉放入已预热的烧烤盘中，先烤单面
   然后翻转续烤另外一面（图2）。

5. 总共翻转3次，将牛腰肉烤上炙纹。刚开始
   时一定要用高温炙烤，之后才用较低的温度
   烘烤。

盛盘组装
Decoration

6. 盘中放上用黄油炒香的综合蔬菜。

7. 放上烧烤好的牛腰肉，再用少许法式贝阿奈
   滋酱汁在盘上装饰，剩下的酱汁则置于酱汁
   碟中上桌。也可将法式贝阿奈滋酱汁直接盛
   于酱汁碟中，一同上菜（图3）。

Grilled Lamb Chops with Rosemary Dressing

烧烤羊排佐迷迭香酱汁 （4人份）

在烧烤料理中，羊排是相当经典的。只要将羊排边的筋膜去除，
再将羊排稍加盐和胡椒腌入味，然后将羊排炙烤至喜好的熟度，
最后以清爽、香滑的迷迭香酱汁搭配，这道美味料理就完成了！

主菜＝烧烤羊排　配菜1＝马铃薯片　配菜2＝黄油四季豆

制作次序＝马铃薯片 ▶ 黄油四季豆 ▶ 烧烤羊排 ▶ 组装

马铃薯片 Boulangère

材料

去皮马铃薯240克

去皮洋葱120克

橄榄油50毫升

盐、胡椒各适量

切碎的巴西利4克

Materials

240g potatoes peeled

120g onions peeled

50ml olive oil

salt, pepper

4g parsley chopped

制作

1. 将去皮马铃薯切成0.3厘米厚的片状，将去皮洋葱切成薄片并撒上少许盐抓腌一下（图1）。

2. 将马铃薯片放入盐水锅中煮熟，捞起，滤除水分，并摊开平放让水汽蒸发（图2）。

3. 锅中倒入一半的橄榄油，将洋葱入锅炒香。

4. 将剩下的橄榄油倒入锅中，并把马铃薯片也入锅煎香（图3）。

5. 当马铃薯和洋葱皆呈现金黄色的时候，加入切碎的巴西利，并以盐和胡椒调味，熄火，盛出后保温（图4）。

主厨的小贴士
Tips from the Chef

● 马铃薯先用盐水煮熟，这样入锅煎时，才容易煎至香酥，但一定要记得沥干水分且摊平马铃薯，让水蒸气确实蒸发掉，香酥效果才不会打折。

黄油四季豆 Green Beans

材料	Materials
四季豆240克	240g green beans
黄油20克	20g butter
盐、胡椒各适量	salt, pepper

制作

1. 将四季豆洗净，摘除尖尖的荚端处，并顺向撕除豆荚两边的结缔纤维。

2. 将处理好的四季豆放入盐水中煮到快熟了但仍保留脆脆的口感时，熄火，捞起后沥干水分。

3. 另备一平底炒锅，将四季豆用黄油炒香，以盐、胡椒调味，熄火，保温。

烧烤羊排 Grilled Lamb Chops

材料	Materials
羊排12块（每块60克）	12 lamb chops (60g each)
新鲜迷迭香1支	1 twig of fresh rosemary
意大利巴萨米哥香醋100毫升	100ml Balsamico vinegar
褐高汤100毫升	100ml brown stock
奶油20毫升	20ml cream
盐、胡椒各适量	salt, pepper

制作

【食材的处理】

4. 羊排除去筋膜并均匀撒上盐和胡椒调味。烧烤盘预热备用（图1）。

【做酱汁】

5. 将迷迭香的叶子切碎。平底深锅中放入奶油与巴萨米哥香醋，再加入迷迭香碎一起煮（图2）。

6. 将酱汁浓缩至一半后，加入褐高汤续煮。煮至再次浓缩至一半后，熄火，过滤酱汁。

【烤羊排】

7. 将羊排放入已预热的烧烤盘中，先烤单面再翻转续烤另外一面（图3）。

8. 总共翻转3次，将羊排烤上炙纹。刚开始时一定要用高温炙烤，之后才用较低的温度烘烤（图4）。

▍盛盘组装 Decoration

9. 将炒好的四季豆盛入盘中。

10. 将马铃薯和洋葱片盛入圆形空心模中，稍压平，拿起空心模，即成圆饼状（图5）。

11. 将煎好的羊排摆放在盘子上，最后淋上酱汁即可（图6）。

主厨的小贴士
Tips from the Chef

● 如果没有空心模，只需要将炒好的马铃薯、洋葱片盛放于四季豆上即可。

Lesson 13
Gratinating

第13堂课　焗烤

　　焗烤，是一种在食材上方加热的烹调方法，可以使用一般的烤箱，也可以使用专业的明火烤炉。如果没有这两种炉具，也可以使用瓦斯喷火枪。

　　焗烤料理的表面焦黄酥脆。上方的高温赋予了食物特别的风味，使食物看起来更美味。因为温度很高，所以要注意在给食物上色的时候，不要一不小心把食物烤焦了。

　　这种烹调法可用来加工汤类、肉类、鱼类、蔬果类及意大利面。通常会在食材的表面添加粗面包粉、奶酪或是一些特别的酱料，以获得独特的色、香、味。

主厨真心话

　　焗烤时，千万不能放着食物不管。一定要随时注意烤炉内的状况，并在食物上色到理想的程度时就马上取出。

　　从烤箱或明火烤炉中拿取菜肴时，一定要带上隔热手套，小心被烫伤。

　　若使用喷火枪也要注意不要开太大的火力，否则会一下子将食物烧焦。

料理习作

印度寇松夫人焗烤鱼汤
Gratinated Fish Soup "Lady Curzon"

综合莓果沙巴雍佐香草冰淇淋
Fresh Berries with Sabayon and Vanilla Ice Cream

Gratinated Fish Soup "Lady Curzon"

印度寇松夫人焗烤鱼汤（4人份）

这道鱼汤源自1905年，
是寇松夫人灵机一动为一位不能饮酒的客人做出来的美味热汤。
将鱼汤煮好后，舀入一匙打发的鲜奶油，在焗烤上色后就立即上菜。
在焗烤时要留意火力大小与时间长短。

主菜＝焗烤鱼汤
制作次序＝煮鱼汤┅➤打制咖喱鲜奶油┅➤组装

材料

肉质紧实的鱼400克，如鲈鱼、大比目鱼、
安康鱼

综合蔬菜100克

白葡萄酒50毫升

鱼高汤（或蔬菜高汤）600毫升

35% 乳脂的鲜奶油200毫升

咖喱粉1茶匙

盐、胡椒各适量

Materials

400g firm cooking fish like sea bass, halibut
or monkfish

100g mixed vegetables

50ml white wine

600ml fish stock (or vegetable stock)

200ml cream 35%

1 teaspoon of curry powder

salt, pepper

制作

【食材的处理】

1. 将综合蔬菜分别切成小细丁（图1）。
2. 将鱼去骨去皮，切小块。

【煮鱼汤】

3. 汤锅中放入综合蔬菜丁，以小火加热，慢慢
   炒香、炒软，放入鱼肉块，淋上白葡萄酒。
4. 倒入鱼高汤（或蔬菜高汤），以中小火煮至
   沸腾，转小火，以盐、胡椒调味，熄火。

【制作咖喱鲜奶油】

5. 将鲜奶油倒入搅拌盆中打至变浓稠。再加入
   咖喱粉，打发后即为咖喱鲜奶油（图2,图3）。

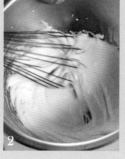

盛盘组装
Decoration

6. 将煮好的鱼汤盛入耐热的汤盘中，并在汤面
   上放1汤匙打好的咖喱鲜奶油。
7. 将盛装好的鱼汤放入明火烤炉，在表面加热
   上色后取出即可。（或是用喷枪。）

> **主厨的小贴士**
> Tips from the Chef
>
> ● 也可以将鱼肉放入鱼高汤中煮熟，取
>   出后将蔬菜丁加到汤中，煮出味后，
>   把煮好的鱼肉放回汤中再微煮调味，
>   也一样美味。

Fresh Berries with Sabayon and Vanilla Ice Cream

综合莓果沙巴雍佐香草冰淇淋 (4人份)

沙巴雍（Sabayon），原名Zabaglione，是意大利极为有名的甜点之一。

做法与食材虽极为简单，但其特殊口感和微醺滋味却让不少人为之着迷。

这道醉人的甜点源自16世纪意大利的Reggio Emilia，最经典的搭配莫过于和新鲜的无花果一起享用。

因为新鲜的无花果不易买到，所以在这里我改用新鲜莓果，配上香草冰淇淋，美味至极！

主菜＝综合莓果沙巴雍　配菜＝香草冰淇淋

制作次序＝综合莓果沙巴雍 ▶组装

材料

蛋黄3个

白葡萄酒200毫升

朗姆酒200毫升

新鲜莓果（草莓、覆盆子）400克

糖60克

柠檬1个

香草冰淇淋4球

Materials

3 egg yolks

200ml white wine

200ml rum

400g fresh berries （strawberry, raspberry）

60g sugar

1 lemon

4 cups of vanilla ice cream

制作

1. 在搅拌盆中放入蛋黄、糖，并磨些柠檬皮屑
   （图1）。

2. 倒入白葡萄酒、朗姆酒（图2）。

3. 将搅拌盆放在热水锅中隔水加热，并用搅拌
   器快速地将盆中的材料混合至浓稠。待搅拌
   器拿起时，酱汁如同缎带般流下，即为沙巴
   雍酱汁（图3）。

4. 将新鲜莓果洗净，沥干，切小块，放在耐热
   的汤碗中（图4）。

5. 淋上打好的沙巴雍酱汁，用明火烤炉（或用
   喷火枪）烤到呈金黄色（图5）。

6. 出菜时在表面放上香草冰淇淋。

主厨的小贴士
Tips from the Chef

● 如果你没有明火烤炉或其他可以快速
  加热的烤炉，可以试着用装填了小瓦
  斯的喷枪，将喷枪快速地扫过酱汁就
  可以得到漂亮的焗烤效果，但小心不
  要使食材起火燃烧。

● 如果明火烤炉加热得太慢，酱汁往往
  在表面上色前，底部就先融化了，所
  以明火的火力要控制好。

Lesson 14
Baking

第14堂课　烘烤

这堂课要介绍的是用来加工咸食的烘烤技巧，而不是用来准备甜点和蛋糕的烘焙技巧。

以酥皮包覆肉类或鱼类的菜肴在西式料理中有着悠久的历史，从制作简单的面团裹香肠到制作复杂的俄罗斯酥皮烤鱼，使用的都是烘烤方式。

许多料理都可以用烤箱烘烤，例如马铃薯、意大利面食、甜点、鱼和火腿等。依照食材特性，将烤箱温度设定在 140～250℃。制作料理时，需要将食材放在涂过油或是铺了烤盘纸的烤盘或无盖模型上，再放入预热到所需温度的烤箱内。一些菜肴在制作过程中需要调整烤箱温度。如果使用烤箱再次加热食物，要将食物加盖以免表面水分流失。

料理习作

酥皮裹猪小里脊佐芥末酱
Pork Tenderloin in Puff Pastry with Mustard Sauce

法国培根起司咸派佐西红柿片
Quiche Lorraine with Sliced Tomatoes

Pork Tenderloin in Puff Pastry with Mustard Sauce

酥皮裹猪小里脊佐芥末酱 （4人份）

用酥皮做咸点，非常常见，也深受欢迎。这道料理我特别配以传统的酥皮并作为主菜呈现，
在酥皮中包裹已调味且热煎封汁的小里脊及意式生火腿和炒菠菜，
待烘烤完成后，切数份盛盘上菜，视觉和味觉都有多层次的享受。

主菜＝酥皮裹猪小里脊　　酱料＝芥末白酱　　配菜＝墨鱼面

制作次序＝酥皮裹猪小里脊 ➤墨鱼面 ➤芥末白酱 ➤组装

材料

整条猪小里脊（已去筋）500～600克

冷冻酥皮（可于烘焙材料专卖店或超市购得），大小为 20 厘米 ×30 厘米

意大利生腌火腿6片

切成细碎状的洋葱40克

菠菜200克

蛋黄1个

35%乳脂的鲜奶油50毫升

白酱400毫升（做法详见P.38、P.39）

法式第戎芥末酱1茶匙

法式有籽芥末酱1茶匙

白葡萄酒50毫升

墨鱼面200克

黄油40克

盐、胡椒各适量

Materials

1 whole piece of pork tenderloin
(trimmed, 500～600g)

3 square sheets of puff pastry (buy from
a baker or the supermarket) 20 cm×30 cm

6 slices of Italian raw(Prosciutto) cured ham

40g onion chopped fine

200g spinach

1 egg yolk

50ml cream 35%

400ml béchamel sauce

1 teaspoon of Dijon mustard

1 teaspoon of whole grain mustard

50ml white wine

200g squid ink noodles

40g butter

salt, pepper

制作

【做酥皮裹猪小里脊】

1. 取出猪小里脊，均匀地撒上盐和胡椒调味，放入已预热的平底炒锅中把肉的表面快速煎至呈褐色后盛出（图1）。

2. 将洋葱碎入锅炒香，放入菠菜炒至软化，以盐和胡椒调味，取出，放凉备用。

3. 取出冷冻酥皮排成T字，将两片生腌火腿并排靠着，另外两块则是纵向并排于中央（图2，图3）。

4. 将猪小里脊摆在纵向并排的生腌火腿上，再放上炒好的菠菜（图4）。

5. 接着放上两片生腌火腿，并在冷冻酥皮的外围刷上少许的水（图5，图6）。

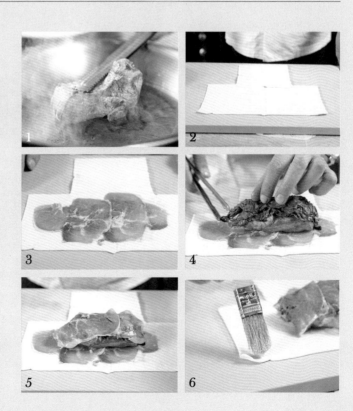

6. 将冷冻酥皮包卷起来，并切除多出来的部分。卷好后，将开口朝下放置（图7，图8，图9，图10，图11）。

7. 将蛋黄和鲜奶油拌匀，刷抹在包卷好的冷冻酥皮上，再用叉子划上交叉纹路，等到表面风干，放入已预热至180℃的烤箱中烤40～50分钟（图12，图13）。

【煮墨鱼面与芥末白酱】

8. 将墨鱼面条放入加了少许盐的滚水锅中，滚煮至Q弹，捞出后沥干水分，再放回平底炒锅中以少许奶油炒香，加盐和胡椒调味，熄火（图14，图15）。

9. 在煮面的同时，另取一锅加入奶油，再加入白葡萄酒和芥末酱，煮匀煮滚后加入白酱，以小火轻煨几分钟后加盐和胡椒调味，熄火（图16）。

主厨的小贴士
Tips from the Chef

● 从烤箱中把烘烤的肉拿出后，要先保温放置10分钟以上，这样在切肉的时候才能将肉汁保留在肉里而不流失。

盛盘组装
Decoration

10. 取出烤好的酥皮猪肉卷，切成约3厘米的厚片。

11. 用叉子把炒好的墨鱼面条卷成漩涡状放置在盘子上，再排放上猪肉卷切片，最后以酱汁装饰就完成了。

Quiche Lorraine with Sliced Tomatoes

～ 法国培根起司咸派佐西红柿片 ～

（1个派量）

咸派，是欧洲人喜爱的下午茶点心，也可以直接拿来当午餐享用。先做好派皮，内馅可以五花八门，
喜欢蔬菜的，会以青花菜、蘑菇等来制作，而我要和朋友们分享的是口味较香浓、
做法偏法式的咸派。只要有培根、起司、牛奶、蛋就可以制作这道美味料理！

主菜＝培根起司咸派　配菜＝西红柿片

制作次序＝做派皮 ➤ 做培根起司馅 ➤ 烤咸派 ➤ 组装

派皮面团 Dough

材料

面粉200克

黄油100克

盐5克

水100毫升

面包屑适量

Materials

200g flour

100g butter

5g salt

100ml water

breadcrumbs

培根起司馅 Bacon Cheese

刨成丝的起司（瑞士爱美达Emmental起司、
格耶尔起司或综合起司）200克

培根100克

洋葱100克

巴西利碎10克

35%乳脂的鲜奶油200毫升

牛奶200毫升

全蛋4个

盐、胡椒、豆蔻粉各适量

200g grated cheese (Emmental, Gruyère or mixed)

100g bacon

100g onions

10g chopped parsley

200ml cream 35%

200ml milk

4 whole eggs

salt, pepper, nutmeg

西红柿片 Tomato Slices

新鲜的大西红柿2个

橄榄油2茶匙

意大利巴萨米哥香醋1茶匙

盐、胡椒各适量

2 big full flesh tomatoes

2 tsps olive oil

1 teaspoon of Balsamico vinegar

salt, pepper

制作

【揉面团＋做派皮】

1. 将面粉与黄油放入搅拌机中搅拌至呈粉沙状（图1）。
2. 加入盐和水，继续慢慢地搅拌成面团（图2）。

3. 取出面团，用手揉至光滑后置于盘中，用保鲜膜密封后放入冰箱冷藏1小时(图3,图4)。

4. 取出冷藏后的面团，擀成约0.3厘米厚的面皮，用擀面棍自边缘将面皮卷起(图5,图6)。

5. 取一个直边或波浪边的派盘，先抹黄油再撒上一层面粉，放上面皮后用手按压定型(图7,图8,图9,图10)。

6. 切除派盘边多余的面皮，用手做出派皮边缘的花纹（图11,图12）。

7. 用叉子在派皮上戳洞，接着在派皮上放烤盘纸，并放入生的红豆（或绿豆）以帮助定型，移入已预热至180℃的烤箱内烤20分钟（图13,图14）。

【做培根起司馅】

8. 在烤派皮的同时将洋葱切成极薄的片、培根切小丁或细条、巴西利切碎。

9. 将切好的培根在炒锅内炒香，加入洋葱片继续炒，最后加入切碎的巴西利拌炒均匀，熄火，盛出（图15）。

10. 将全蛋、鲜奶油、牛奶、起司在搅拌盆内混合，以盐、胡椒、豆蔻粉调味。不用加入太多盐，因为起司和培根都带有盐分（图16）。

主厨的小贴士
Tips from the Chef

● 面团不要搓揉过度，揉到表面光滑即可。假如搓揉过度，派皮会变得很硬，烤的时候也容易收缩。

● 若没有搅拌机，也可以用手揉。
  ①将面粉与奶油置于桌面上，用手揉搓混合，直到呈现一块块粉沙状为止。
  ②把粉沙状的混合物做成环状粉墙，中间凹洞处加水和盐，并慢慢地将整体混合成光滑的面团。
  ③将面团放入盘中，密封后冷藏静置1小时即可。

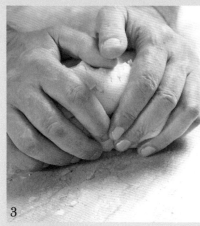

3

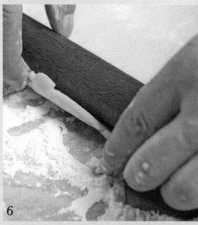

6

10

14

【做咸派】

11. 将派盘从烤箱中取出，倒出红豆，取出烤盘纸。在派皮上撒上面包屑，接着加入炒好的培根洋葱巴西利混合物，最后淋上起司蛋奶混合液（图17，图18，图19，图20，图21）。

12. 将填装好的咸派移入已预热至170℃的烤箱中，烤到中心凝固且表面呈浅褐色为止。

13. 取出烤好的咸派，冷却5～10分钟后才能分切（图22）。

盛盘组装
Decoration

14. 将西红柿切成两半，再切成0.3厘米厚的薄片。将切好的西红柿放在盘子上，并以刀面轻压，使西红柿片呈现骨牌倒下的状态。接着淋上意大利巴萨米哥香醋、橄榄油，再撒上胡椒和盐（图23，图24）。

15. 将分切好的派置于西红柿的边上，或另以餐具盛装，一同上菜即可（图25）。

主厨的小贴士
Tips from the Chef

● 西红柿色拉或田园色拉佐香味强烈的酱汁，可以平衡咸派油腻的口感，香醋和培根起司的味道也搭配得很完美。

Lesson 15
Roasting

第15堂课　炉烤

炉烤是一种不添加油或是仅添加少量油，在烤箱内加工食物的方法，可分为中高温炉烤和低温炉烤两种。这两种在现代料理中皆占有一席之地，且基本的操作方式也大同小异。

在炉烤时，一定要把肉类食材用绳子绑紧（也可以请菜场师傅帮你绑紧），如此才能减少食材表面积，减少炉烤时食材水分的流失，并可保持食物表面平整，使受热更均匀。在炉烤前，要把肉放入已预热的平底锅中微煎以保留肉汁。

高温炉烤时，先以180℃烤20～30分钟，之后再将温度降低到120～140℃继续烤。在整个炉烤的过程中都应该不停地将肉刷上油脂。

低温炉烤时，肉类表面经过微煎封住肉汁之后，放入烤盘中进烤箱以85℃烤到所需的熟度。低温炉烤特别适合牛肉、羊排等红肉料理。

不管是用哪种温度炉烤，建议你都使用肉类温度计做准确的测量，以推断炉烤食物是否达到理想的熟度。

料理习作

烤牛肉佐红酒酱汁、马铃薯丝煎饼与奶油煎玉米笋
Slow Roast Beef Chuck with Red Wine Sauce, Darphin Potatoes and Baby Corn

小茴香烤猪肉佐苹果酱汁、马铃薯泥和糖煮胡萝卜
Roast Pork with Cumin, Apple Sauce, Creamed Potatoes and Glazed Carrots

Slow Roast Beef Chuck with Red Wine Sauce, Darphin Potatoes and Baby Corn

烤牛肉佐红酒酱汁、
马铃薯丝煎饼与奶油煎玉米笋 (4人份)

这道烤牛肉是非常具有代表性的低温炉烤料理，不但容易上手，还很美味，
非常适合作为与亲友相聚时的宴客料理。就算是牛肉已经烤好，你的宾客却迟到了，
或是你忘了准备开胃菜，赶着要去制作时，都不用担心烤牛肉会冷掉，
因为烤牛肉可在温度调低到65℃的烤箱里保温至少1小时！

主菜＝烤牛肉　酱料＝红酒酱汁　配菜1＝马铃薯丝煎饼　配菜2＝奶油煎玉米笋
制作次序＝烤牛肉▶马铃薯丝煎饼▶奶油煎玉米笋▶红酒酱汁▶组装

材料

牛肩胛肉（或牛臀肉）600克

红酒100毫升

浓缩酱汁200毫升

植物油20毫升

去皮马铃薯600克

黄油40克

玉米笋200克

盐、胡椒各适量

Materials

600g beef chuck roast （hip of beef）

100ml red wine

200ml brown gravy

20ml vegetable oil

600g peeled potatoes

40g butter

200g baby corn

salt, pepper

制作

【烤牛肉】

1. 将烤箱先预热至 85℃。

2. 将牛肩胛肉用细棉绳绑好（图1，图2，图3）。

3. 在牛肩胛肉的表面均匀地撒上少许盐和胡椒，先静置一下使其入味，再在表面刷上一些植物油(图4)。

4. 将调好味的牛肩胛肉放入已预热的平底锅中，煎至表层微微上色封住肉汁后，盛入烤盘中（图5）。

5. 打开已预热至 85℃的烤箱，放入煎好的牛肩胛肉，烤到肉类温度计显示中心温度达到 60℃为止，
   这样可得到 5 分熟的烤牛肉。取出牛肉，保温（图6）。

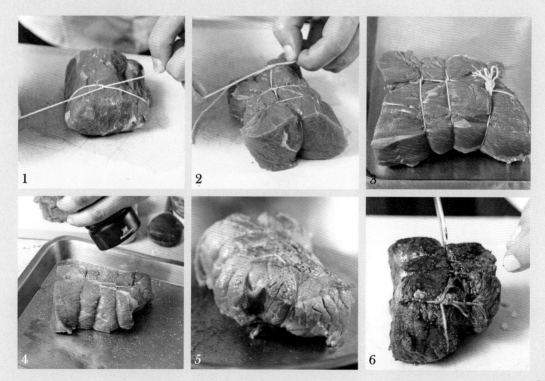

【马铃薯丝煎饼】

6. 马铃薯用磨碎器的小圆孔那一面刨成细丝（图7）。

7. 刨好的马铃薯丝会带有许多水分，将水分完全去除，再以盐、胡椒调味（图8）。

8. 在锅中加入一些植物油和20克黄油，再放上空心圆模，圆模中填入四分之一的马铃薯丝后轻轻用手按压至紧实（图9）。

9. 以中火将马铃薯丝饼的底部煎至呈金黄色，去除圆模，将另一面也煎至呈金黄色即可。依此法将马铃薯丝煎饼逐一煎制完成（图10）。

【奶油煎玉米笋】

10. 锅中放入玉米笋和剩下的20克黄油。

11. 慢慢将玉米笋煎熟、煎上色，并用盐和胡椒调味，即可起锅（图11）。

【酱汁制作】

12. 另备一平底深锅，倒入红酒，加热并浓缩至原来的一半（图12）。

13. 加入浓缩酱汁，用小火煨煮至酱汁呈现顺滑状，再以盐和胡椒做最后调味即可（图13，图14）。

盛盘组装
Decoration

14. 取出烤好的牛肩胛肉，切片（图15）。

15. 盘子上先放入马铃薯丝煎饼，再排放上玉米笋。

16. 排放上切好的牛肉片，淋上酱汁即可上菜。

**Roast Pork with Cumin, Apple Sauce, Creamed
Potatoes and Glazed Carrots**

小茴香烤猪肉佐苹果酱汁、
马铃薯泥和糖煮胡萝卜 (4人份)

这道小茴香烤猪肉使用高温炉烤，

当你实际操作了低温和高温这两种炉烤方式，便会更明白这两者间的不同与各自的特色。

当然，用低温炉烤法来完成这道料理中的烤猪肉也可以，

只不过要花上好几个小时才能完成。

主菜＝小茴香烤猪肉　酱料＝苹果酱汁　配菜1＝马铃薯泥　配菜2＝糖煮胡萝卜

制作次序＝烤猪肉▶马铃薯泥▶苹果酱汁▶糖煮胡萝卜▶组装

材料

去筋猪里脊600克

小茴香籽5克

芥末酱1汤匙

调味蔬菜200克（详见P.20）

植物油20毫升

浓缩酱汁200毫升

中等大小的烹饪用苹果2个

糖40克

白葡萄酒100毫升（用于苹果酱汁的制作）

去皮马铃薯500克

牛奶200毫升

黄油50克

豆蔻粉、肉桂粉各少许

去皮胡萝卜400克

盐、胡椒、Tabasco辣椒酱各适量

Materials

600g pork loin trimmed

5g cumin seeds

1 soupspoon of mustard

200g mirepoix

20ml vegetable oil

200ml brown gravy

2 medium cooking apples

40g sugar

100ml white wine

500g peeled potatoes

200ml milk

50g butter

nutmeg powder, Cinnamon

400g peeled carrots

salt, pepper, Tabasco

制作

【烤猪肉】

1. 将烤箱预热至180℃。

2. 将已去筋膜的猪里脊用盐和胡椒调味，撒上小茴香籽，再刷抹上芥末酱（图1，图2）。

3. 在平底锅中加少许植物油，放入已调味的芥末猪里脊，煎至肉表层香酥上色以封住肉汁，盛入烤盘（图3）。

4. 将已煎香且封住肉汁的猪肉移进已预热的烤箱中，以180℃烤20分钟后将温度调到120℃，并加入调味蔬菜，烤到猪肉中心温度达到70℃即可。烘烤时，要把肉翻转几次，使表面均匀上色。

5. 取出烤好的猪肉放置在盘子上，在温热的地方保温静置10分钟（图4）。

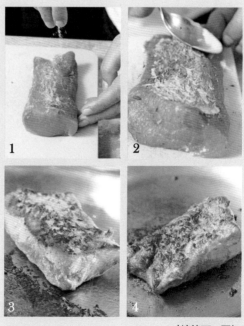

（续接下一页）

【马铃薯泥】

6. 在烤猪肉的同时，将马铃薯切成块状，放入平底深锅中，加入刚好可盖住马铃薯的水量，并加入盐。将水煮开并将马铃薯煮熟（15～20分钟）。

7. 捞出煮好的马铃薯，沥干水分，先放置一下，让水蒸气蒸发，再将马铃薯打成泥状。

8. 另取一个锅，加入牛奶、25克黄油、豆蔻粉和少许的Tabasco辣椒酱（或胡椒、盐），拌匀后以小火慢慢加热至微滚，熄火，慢慢倒入马铃薯泥内搅拌均匀即可（图5）。

【苹果酱汁】

9. 将苹果洗净，沥干，连皮切成块状（图6）。

10. 将切好的苹果块放入盖子可以盖严实的平底深锅中，并加入一半糖、白葡萄酒和一小撮肉桂粉（图7，图8）。

11. 盖好锅盖，用小火煨煮至苹果变软，熄火。

12. 将锅中的苹果和煮苹果的酱汁倒入深长的容器中，用手提式食物处理器将苹果打成细腻、顺滑的浆泥状（图9，图10）。

13. 将苹果泥倒在筛网中，先用橡皮刮刀后用汤匙慢慢压筛，即为苹果酱汁（图11，图12）。

【糖煮胡萝卜】

14. 将胡萝卜切成长条状，放入锅中，加入剩下的糖、一小撮盐和剩下的25克黄油（图13）。

15. 加入刚好可以盖住胡萝卜的水量，煮滚后用小火轻煨使水分蒸发，待胡萝卜表面发亮，取出即可（图14）。

盛盘组装
Decoration

16. 取出烤好的小茴香烤猪肉，切厚片，排入盘中，再放上马铃薯泥和糖煮胡萝卜，最后浇上苹果酱汁就完成了（图15）。

主厨的小贴士
Tips from the Chef

● 猪里脊在去除筋膜后可以先用细绵绳束绑紧实，再调味、抹酱，但不绑也是可以的。

● 如果没有手提式的食物处理器，也可用果汁机将食材搅打成浆泥状。

● 苹果带皮煮软后搅打出的浆泥会更甘醇，经过筛网压筛后，口感会更绵柔、细致。

Lesson 16

Braising

第16堂课　焖煮

焖煮，是指将食物放入有盖且密闭的炖锅或平底锅并在烤箱内加热的烹调法。这种烹饪方法可以保留食材本身的味道和汤汁，营养成分也不会流失。

焖煮料理在烹调的过程中需要花费很多时间与耐心，但最后完成的菜肴一定不会让你失望。

在焖煮料理中，常常可见到鱼、肉和蔬菜。先将已调味或腌泡过的肉类在已预热的平底锅中以高温上色，再加入调味蔬菜（Mirepoix）、高汤或腌泡肉的汁液，盖紧锅盖后放入180℃的烤箱中焖煮。体积较大的食材也可用较低的温度，如140℃来进行焖煮。

焖煮蔬菜时，需要将三分之二的蔬菜浸泡在清汤或蔬菜高汤中。焖煮鱼类时，则常常使用等量的白葡萄酒以及鱼高汤。

焖煮时经常需要将食材烹煮过程中所产生的汁液用刷子涂抹或用汤匙浇淋回食材表面。

料理习作

比利时洋葱啤酒焖牛肉佐马铃薯青豆蛋卷
Belgian Beef Carbonade with Potato Green Pea Omelet

印度椰汁咖喱鸡
Chicken Curry Madras

Belgian Beef Carbonade with Potato Green Pea Omelet

比利时洋葱啤酒焖牛肉佐
马铃薯青豆蛋卷（4人份）

这是一道非常经典的比利时料理。以比利时人喜爱的啤酒来焖煮牛肉，

啤酒中所含的酵母能使牛肉更加软嫩，经过长时间的焖煮，

啤酒中的麦香味也会融入牛肉与酱汁之中，从而使这道料理别具风味，令人惊喜！

主菜＝洋葱啤酒焖牛肉　　配菜＝马铃薯青豆蛋卷

制作次序＝洋葱啤酒焖牛肉▶马铃薯青豆蛋卷▶组装

洋葱啤酒焖牛肉 Belgian Beef Carbonade

材料

牛肉片8片（每片100克，使用较瘦的牛肩或牛腿肉片）

洋葱200克，切碎或切极薄的片

面粉30克

植物油20毫升

黑麦啤酒200毫升

褐高汤200毫升

月桂叶、百里香、迷迭香、胡椒粒、丁香（放入滤茶器或布包中）

盐、胡椒各适量

Materials

8 beef slices（100g each，from the shoulder or leg, lean）

200g onions , chopped or sliced very thin

30g flour

20ml vegetable oil

200ml dark beer

200ml brown stock

bay leaf, thyme, rosemary, peppercorns, clove in a tea strainer or cloth bag

salt, pepper

制作

1. 将烤箱预热至160℃。

2. 将牛肉片用肉槌拍扁（图1）。

3. 在牛肉片上均匀地撒上盐和胡椒调味，再薄薄地拍上一层面粉（图2）。

4. 平底锅中加植物油预热后，放入已调味拍粉的牛肉片快速煎至上色后盛出（图3，图4）。

5. 在煎牛肉片的锅中放入洋葱片炒香炒软，撒入一些面粉，拌炒均匀后继续炒至面粉呈淡褐色（图5）。

6. 将黑麦啤酒倒入锅中一起拌炒，以溶化锅底的焦香物，再全部倒入汤锅中，加入褐高汤和装有月桂叶、百里香、迷迭香、胡椒粒、丁香的滤茶器并煮滚，熄火（图6）。

7. 将煎好的牛肉片放入汤锅中，使肉片能泡在酱汁中。将汤锅盖上锅盖并密封严实后放入烤箱中，以160℃焖煮1个小时或1个半小时，直至肉片变柔软。

8. 取出装有香料的滤茶器，对酱汁做最后的调味。

主厨的小贴士
Tips from the Chef

● 香料袋可使用金属制的球状滤茶器来制作。滤茶器中的香料不会掉到酱汁中，只有香味会和酱汁融合。使用过后，把煮过的香料丢弃并洗净滤茶器即可，不但使用方便且可重复利用。

马铃薯青豆蛋卷 Potato Green Pea Omelet

材料

去皮马铃薯320克

青豆320克

鸡蛋4个

橄榄油20毫升

黄油20克

盐、胡椒各适量

Materials

320g peeled potatoes

320g green peas medium

4 eggs

20ml olive oil

20g butter

salt, pepper

制作

1. 将马铃薯切成与青豆差不多大小的小丁（图1）。

2. 将马铃薯放入盐水中，煮至半熟时再加入青豆一起煮（图2）。

3. 煮到马铃薯和青豆都熟了，捞出，沥干，再静置一会儿让水蒸气完全蒸发，分成4份（图3）。

4. 将鸡蛋各自打散且用盐调味。

5. 在已预热的炒锅中加入一点橄榄油和黄油，放入1份马铃薯青豆丁炒一下（图4）。

6. 倒入1份蛋液，与马铃薯青豆丁拌炒均匀，做成蛋卷（图5）。

7. 按照上述方式依次做好4份蛋卷。

主厨的小贴士
Tips from the Chef

- 在制作蛋卷时，每份蛋卷都应该分开做，这样每个蛋卷的形状大小才会一致。

- 当蛋卷快做好时，将蛋卷移到锅的末端处，慢慢地将另一端卷起，用左手握住锅柄并用右手敲打锅，这样蛋卷的下半部分会下滑成半个蛋包状，你只要把末端处的蛋卷往下卷，就可以制作出漂亮的蛋包。如果你觉得煎蛋卷太困难，也可以用炒蛋搭配。

▌盛盘组装
Decoration

8. 将蛋卷放在盘子上，上面斜放洋葱啤酒焖牛肉，最后淋上酱汁即可上桌（图6）。

Chicken Curry Madras
印度椰汁咖喱鸡 （4人份）

印度椰汁咖喱鸡是一道相当受欢迎的料理。不少人以为咖喱就是以炒或煮的方式完成的，
其实传统经典的西餐料理是要将整锅煮匀的咖喱鸡盖好盖子后，
放入烤箱中，以长时间低温焖烤的方式收浓酱汁，
这样才会更浓郁入味！

主菜＝印度椰汁咖喱鸡　　配菜＝长米饭

制作次序＝印度椰汁咖喱鸡…▶组装

印度椰汁咖喱鸡 Chicken Curry Madras

材料

去骨鸡腿2只

洋葱100克，切片

大蒜 1瓣

泰式绿咖喱酱60克（可在超市或泰国食材专卖店购得，如果爱吃辣，可以选择辣一点的咖喱酱）

鸡高汤200毫升

未加糖的椰奶400毫升

玉米粉10克

新鲜的香菜（装饰用）

长米饭200克

盐、胡椒各适量

Materials

2 chicken legs （no bone）

100g onion sliced

1 clove of garlic

60g green curry paste （or to taste if you like it hot）

200ml chicken stock

400ml coconut milk unsweetened

10g corn starch

fresh coriander for garnishment

200g long grain rice

salt, pepper

制作

【准备动作】

1. 烤箱预热至 140℃。

2. 将 2 只鸡腿等切成 8 大块，再均匀地撒些盐调味（图1）。

【咖喱椰汁鸡】

3. 以鸡皮朝下的方式将鸡腿肉块放入锅中，干煎至鸡皮释放出油脂，翻面再煎一下，让鸡肉的另一面也定型且微微上色，盛出（图2，图3）。

4. 将洋葱片、大蒜和泰式绿咖喱酱放入刚刚煎过鸡腿的锅中炒至上色（图4）。

5. 加入鸡高汤以溶化锅底的焦香物，再加入椰奶，以小火煮至沸腾（图5）。

6. 将已煎香的鸡肉块再放回椰奶中（图6）。

7. 待汤汁再次沸腾，熄火，盖上锅盖密封，移入烤箱以 140℃焖烤约 40 分钟（图7）。

8. 焖烤完成后，先将锅中的鸡肉取出，放置一旁保温备用。

9. 将锅中的酱汁煮滚，将玉米粉加冷水（或日本清酒）搅拌均匀，倒入酱汁中。

10. 搅拌均匀并以小火煨煮 5 分钟，以盐、胡椒调味，并将酱汁过滤。

11. 将鸡肉放回过滤后的酱汁中重新加热至沸腾，熄火。

盛盘组装 Decoration

12. 将香菜切末。盘中盛入长米饭，整理成环状，中间放入鸡腿，淋上椰汁咖喱，撒一些香菜末就可以了（图8）。（可以切一些小西红柿放在长米饭上作点缀。）

主厨的小贴士 Tips from the Chef

● 如果以全鸡来制作，全鸡一样切成8大块且无需去骨，但在切鸡肉时，要从关节处下刀而不是从骨头处下刀，这样食物中才不会出现骨头碎片。

Lesson 17
Stewing

第17堂课　炖煮

炖煮和焖煮的原理基本上大同小异，只不过炖煮是指将食物放入有盖、密闭的炖锅或是平底锅中后在火炉上加热，而非在烤箱里加热。

和焖煮一样，炖煮可以保留食材的营养和美味，可用于烹饪鱼、肉和蔬菜。

在大多数炖煮的食谱里，除了食材以外，仅添加少量水或不加水，所以可保留肉类和蔬菜的原汁原味。

在炖煮开始时先使用中高温或高温，再使用较低温度，使食材可在微低于沸点的温度下烹煮。并且要不时地确认锅中液体的高度，必要时需要再添加一些水，以免干锅。

料理习作

匈牙利炖牛肉佐面疙瘩与俄罗斯蛋香色拉
Hungarian Beef Goulash with Spaetzle and Mimosa Salad

蔬菜炖羊肉
Lamb Stew Spring Style with Its Own Vegetables

Hungarian Beef Goulash with Spaetzle and Mimosa Salad

匈牙利炖牛肉佐面疙瘩与
俄罗斯蛋香色拉（4人份）

匈牙利炖牛肉是西餐中一道常见的料理，也算是炖煮料理中的经典名菜了。
在我的家乡，每个妈妈都会做这道料理，我特别喜爱母亲做的这道菜，
搭配炒得香酥的面疙瘩，总是让年少的我无法控制地吃撑了肚子！

主菜＝匈牙利炖牛肉　配菜1＝面疙瘩　配菜2＝俄罗斯蛋香色拉

制作次序＝匈牙利炖牛肉┅►面疙瘩┅►俄罗斯蛋香色拉┅►组装

匈牙利炖牛肉 Hungarian Beef Goulash

材料

牛肉（瘦的牛肩肉或牛腿肉）640克

洋葱400克

大蒜2瓣

匈牙利甜红椒粉40克

黄柠檬1/2个

小茴香籽3克

芫荽叶10克

红酒醋10毫升

盐10克

Materials

640g beef（lean, from the shoulder or leg）

400g onions

2 cloves of garlic

40g paprika sweet

1/2 lemon

3g cumin seeds

10g leaves of coriander

10ml red wine vinegar

10g salt

制作

1. 牛肉切成小方块，洋葱切成薄片，大蒜拍碎（图1）。

2. 以柑橘果皮削刮刀或蔬果削皮器将柠檬皮削刮下来，与小茴香籽、芫荽叶混合，并切碎（图2，图3）。

3. 将牛肉块、洋葱、大蒜炒软，加入匈牙利甜红椒粉、步骤2的混合物、红酒醋和盐搅拌均匀（图4）。

4. 将锅盖盖紧，以小火炖煮。5分钟后打开锅盖，你会发现锅中已有食材汁液，继续加盖炖煮一小时或一个半小时。炖煮的时候要时常打开锅盖检查，如果锅内水量太少，可加水，煮至牛肉变软即可（图5）。

> ## 主厨的小贴士
> ## Tips from the Chef
>
> ● 如果更讲究点，可先将肉从锅中的酱汁里取出，然后将酱汁用食物处理器打成浆状，再把肉放回酱汁中一起上菜。这样酱汁尝起来会更细腻，菜肴看起来也更优雅，不过味道并不会有太大改变。

面疙瘩 Spaetzle

材料

鸡蛋2个

温牛奶100毫升

温水100毫升

面粉250克

植物油10毫升

黄油适量

盐、白胡椒、豆蔻粉各适量

Materials

2 eggs

100ml milk (warm)

100ml water(warm)

250g flour

10ml vegetable oil

butter

salt, white pepper, nutmeg powder

制作

1. 温牛奶和温水中先加入植物油、鸡蛋、盐、豆蔻粉混合，再加入面粉。

2. 用手或搅拌器将混合物搅打成光滑、有空气感的面浆（图1）。

3. 煮一锅水，加入少许盐，煮滚后架上大圆孔的筛勺，倒入面浆，用刮刀或干净的小板子将面浆刮筛入煮沸的盐水中（图2）。

4. 当面疙瘩浮出水面时，就煮好了（图3）。

5. 将煮好的面疙瘩沥干，泡入冰块水中急速冷却后再沥干（图4）。

6. 取一个平底锅，加入黄油，加热至黄油融化后放入面疙瘩，炒至面疙瘩呈金黄色后，用盐和白胡椒调味即可（图5）。

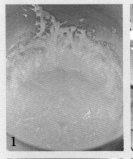

> ## 主厨的小贴士
> Tips from the Chef
>
> - 这是另一种面疙瘩的做法，与之前的做法不同，也与大家所熟知的意大利式的面疙瘩做法不同，反而与中式的面疙瘩有异曲同工之趣。
>
> - 将面疙瘩泡入冰块水中，经由热胀冷缩之后，面疙瘩口感更加Q弹，再入锅加少许黄油炒至香酥，搭配上匈牙利红椒牛肉，让人忍不住一口接一口地吃，很快就盘底朝天了！

俄罗斯蛋香色拉 Mimosa Salad

材料

叶片较小的综合生菜

初榨橄榄油40毫升

意大利巴萨米哥香醋20毫升

白煮蛋2个

小西红柿4个

盐、胡椒适量

Materials

mixed lettuce, small leaf

40ml olive oil 1st choice

20ml Balsamico vinegar

2 hard boiled eggs

4 baby tomatoes

salt, pepper

制作

1. 将白煮蛋去壳，切碎；将小西红柿洗净，去蒂头，切小块。

2. 将综合生菜清洗、沥干，置于大盆中，加入小西红柿，再倒入橄榄油和意大利巴萨米哥香醋拌匀，用盐和胡椒调味。

3. 将拌好的生菜色拉放置于盘中，再撒上切碎的白煮蛋就可以了（图1）。

盛盘组装
Decoration

4. 传统的上菜方式：将匈牙利炖牛肉、面疙瘩和俄罗斯蛋香色拉分别盛装于不同的餐具内，一同上桌，要吃的时候，将面疙瘩和炖牛肉少量地舀到餐具中，搅拌均匀后再食用，等吃完了，再舀取面疙瘩与牛肉混合，蛋香色拉则可随时取用（图2）。

5. 烩面式的上菜方式：将匈牙利炖牛肉、面疙瘩盛装在同一餐具内，要吃的时候搅拌均匀，蛋香色拉还是另用餐具盛装，随时取用即可（图3）。

Lamb Stew Spring Style with Its Own Vegetables

蔬菜炖羊肉 （4人份）

这是一道相当传统的美味料理，搭配上意大利面或长米饭，美味无比。
在这里我示范的是另一种做法，不将蔬菜与羊肉一起炖煮，而只以水煮方式将蔬菜煮熟，
并在最后时刻才用于点缀菜肴，视觉上比较美观，非常适合当作宴客料理。

材料

羊肉（羊颈肉或羊肩肉）640克，切成3厘米见方的块状

橄榄油20毫升

切碎的洋葱100克

大蒜1瓣

褐高汤500毫升

红酒100毫升

西红柿糊10克

玉米粉5克

盐、胡椒、匈牙利甜红椒粉各适量

月桂叶、百里香、迷迭香、胡椒粒、丁香
（放入滤茶器或布包中）

切成梭形的胡萝卜100克

切成梭形的白萝卜100克

西洋芹100克，切小段

十字对切的蘑菇100克

Materials

640g lamb（shoulder or neck），cut into 3cm cubes

20ml olive oil

100g onion chopped

1 clove of garlic

500ml brown stock

100ml red wine

10g tomato paste

5g corn starch

salt, pepper, paprika sweet

bay leaf, thyme, rosemary, peppercorns,
clove in a tea strainer or cloth bag

100g carrots turned

100g white radish turned

100g celery

100g mushrooms cut into quarters

制作

【炖羊肉】

1. 先用少许的盐、胡椒和匈牙利甜红椒粉混合
   抓腌羊肉（图1）。

2. 取出平底深锅，倒入橄榄油，放入已抓腌过
   的羊肉块炒香（图2）。

3. 当羊肉块煎至表面呈咖啡色后加入切碎的洋
   葱、大蒜、西红柿糊、玉米粉，再倒入红酒和
   褐高汤拌煮均匀，最后加入装了月桂叶、百
   里香、迷迭香、胡椒粒、丁香的滤茶器（图3）。

4. 待汤汁沸腾，转小火，盖上锅盖炖煮约1
   小时。

【水煮综合蔬菜】

5. 当羊肉快炖煮完成时，另准备一锅水，加入
   少许盐，加热至沸腾后放入胡萝卜、白萝卜、
   西洋芹和蘑菇，煮熟后捞出，沥干，再加入
   橄榄油拌匀（图4）。

盛盘组装
Decoration

6. 炖煮完后，将炖羊肉盛入盘中，再点缀上水
   煮综合蔬菜即可上菜。（可搭配意大利面或长
   米饭一同食用。）

Lesson 18
Desserts

第18堂课　甜点

　　甜点是套餐的压轴，会带给宾客对整个宴席的最终印象，且这个印象往往会持续很久。

　　即使你所提供的主餐不合宾客的胃口，你还是可以用完美的甜点来扳回一局。

　　相反地，即使你所提供的主餐非常完美，不尽如人意的甜点却能让一切的心血化为乌有。因此在提供甜点时，必须确保所有的甜点都达到应有的标准。

料理习作

热莓果佐香草冰淇淋
Hot Berries with Vanilla Ice Cream

柳橙舒芙蕾
Orange Soufflé

Hot Berries with Vanilla Ice Cream

热莓果佐香草冰淇淋（4人份）

冰淇淋是人人都爱的冷饮，单吃很过瘾，但要当餐后甜点就显得有些单调了。
在享用完一顿大餐之后，甜点也不能太平凡，用酸去与甜相争，
以热去与冰相抗衡，最后这个句点才会很完美。

材料

市售冷冻综合莓果240克

糖20克

肉桂棒1/2支

白兰地或朗姆酒50毫升

香草冰淇淋4球

新鲜薄荷叶4支

Materials

240g mixed berries (frozen from the market)

20g sugar

1/2 stick of cinnamon

50ml brandy or rum

4 cups of vanilla ice cream

4 twigs of fresh mint

制作

1. 将综合莓果、糖、肉桂棒放入平底深锅中，盖上盖子，以中小火煮沸（图1）。
2. 取出肉桂棒，趁果酱沸腾时一边搅拌一边倒入白兰地或朗姆酒（图2）。
3. 以小火煨煮2分钟后熄火（图3）。
4. 将煮好的热莓果酱分成4份盛入杯中，每个杯子中放上一球香草冰淇淋，并以新鲜薄荷叶装饰（图4）。

Orange Soufflé

柳橙舒芙蕾 (4人份)

舒芙蕾是一道让客人与厨师都又爱又恨的点心，从它一出炉到上桌，
只需短短几分钟就会消塌，因此不论是上菜或享用都要非常快速。
这样一道神奇的点心到底是谁发明的呢？有人说它在中世纪就已出现，
也有人坚称它是十九世纪浪漫主义的产物，至今尚无据可考。
在这里我分享了非常经典的柳橙舒芙蕾，柳橙浓缩后的酸让这道甜点更美味！

材料

皮较厚的柳橙 4 个

糖 40 克

鸡蛋2个

糖粉20 克

盐少许

Materials

4 oranges with thick skin

40g sugar

2 eggs

20g icing sugar

salt

制作

1. 将烤箱预热至 170℃。

2. 将柳橙自顶部三分之一处切开，用汤匙从洞口将果肉挖空，小心不要破坏掉皮的形状（图 1）。

3. 将果肉中的汁液榨出并过滤。用柑橘果皮削刮刀将柳橙被切除的顶盖黄皮削下部分，并切成细碎状，加入过滤后的柳橙汁内（图 2）。

4. 将糖也加入柳橙汁中，煮滚，并用小火浓缩至浓稠的糖浆状，熄火，冷却到微温后加入蛋黄一起搅打（图 3）。

5. 将蛋白和一小撮盐打发到搅拌器提起时蛋白霜呈现鸟嘴状，将蛋白霜轻轻地以包入的方式与糖浆蛋黄混合液混匀（图 4，图 5）。

6. 将混合液倒入橙皮盅内，移入已预热的烤箱中以 170℃烘烤。当舒芙蕾快熟时（约 20 分钟），撒上糖粉继续烤 5 分钟，以形成焦糖。舒芙蕾出炉后必须迅速上桌（图 6）。

主厨的小贴士
Tips from the Chef

- 不要在烤舒芙蕾时打开烤箱。只有在烘烤接近完成时，才能将烤箱打开并快速地撒上糖粉。

- 品尝舒芙蕾时，建议搭配高质量的意大利浓缩咖啡和黑巧克力一起享用。

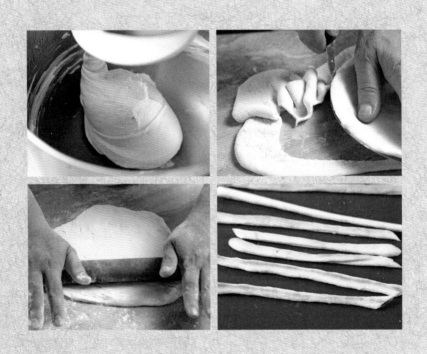

Lesson 19
Baking

第19堂课　烘焙

　　烘焙，是一门和料理截然不同的学问，值得另外以一本专门的书介绍。然而，在本书里我想要与你分享一个简易的披萨食谱，你也可以将此面团做成意式面包条，佐开胃菜或主餐享用。

　　和甜点的制作一样，你必须要精确、耐心地制作酵母面团，并确实遵循步骤和温度指示，才能使成品完美。

料理习作

披萨面团
Pizza Dough

Pizza Dough

披萨面团 （4人份）

披萨很受大众喜爱，只要做好面团，擀好饼皮，放上什么馅料都可以。

不想以饼的形式呈现，也可以卷成披萨卷，

或是包成披萨饺，美味不变，趣味多多。

学会了做这个面团，不但能做出披萨，还可以做成许多不同的点心和料理，

好吃的意式面包棒也可以用这个面团做出来！

材料

新鲜酵母20克或干酵母7克

面粉200克（撒在面团上的手粉另计）

水165毫升

橄榄油40毫升

糖1小撮

盐1/4茶匙

Materials

20g fresh yeast （7g dry yeast）

200g flour + flour for dusting the dough

165ml water

40ml olive oil

1 pinch of sugar

1/4 tsp salt

制作

【做面团】

1. 将面粉倒入搅拌盆中，加入糖、盐、酵母和水，用电动搅拌机的螺旋搅拌棒搅拌均匀（图1）。

2. 慢慢地分多次倒入橄榄油，继续搅拌成较湿黏的面团，至橄榄油完全被面团吸收（图2）。

3. 取出面团，一边揉一边撒上少许面粉，揉至不粘手的光滑面团即可（图3，图4）。

4. 将揉好的面团覆盖好后静置于温暖处，待体积变成原来的两倍大，就成了披萨面团（图5，图6）。

主厨的小贴士
Tips from the Chef

● 如果没有搅拌机，也可以纯手工制作披萨面团。

①将酵母粉放进35℃的温水中稀释，加糖搅拌溶解并倒入面粉堆中间。

②用木勺将一点点的面粉与液体混合成为浓稠的面糊。

③在面糊上撒一些面粉，将搅拌盆盖好置于温暖处，直到面糊产生泡沫为止。

④将其余面粉与面糊混合均匀，并搓揉成光滑不粘盆缘的面团。

⑤将面团覆盖好后置于温暖处，直到体积变成原来的两倍大，就是披萨面团了。

用披萨面团做披萨

制作

1. 取出已变为两倍大的面团,再次用手揉,将面团内的空气挤压排出,并将面团分成 4 等份(图 1,图 2)。(揉面团时若发现会粘手,可撒些面粉,就会很好揉了。)

2. 取 1 份面团,在撒了面粉的桌面上擀薄,放在披萨盘上,依披萨盘的形状,切除多余的面皮,并在上面摆上喜好的食材(如西红柿、起司等)(图 3,图 4,图 5,图 6,图 7)。

3. 将放好食材的生披萨放入已预热至 300℃ 的烤箱下层烘烤,直到边缘呈现金黄色,内馅滚烫冒泡,即可取出,趁热上桌。

> **主厨的小贴士**
> Tips from the Chef
>
> ● 披萨可依照个人喜好选择不同的馅料,但可别忘了固定班底:西红柿和马兹瑞拉奶酪。披萨在进烤箱前,不要忘记撒上一些橄榄油。

用披萨面团做意式面包条 Grissini

制作

4. 将披萨面团擀成厚约 0.5 厘米的面片,等切成宽约 2 厘米的长条,再一一揉成如铅笔一样粗细的长条(约 30 厘米长)(图 8)。

5. 将揉好的长面条排在不粘的烤盘上(或烤盘上铺烤盘纸),放入烤箱以 280℃ 烤至酥脆且呈金黄色为止(图 9)。

6. 取出烤好的面包条,在一端卷上生火腿,就成了一道美味的点心(图 10,图 11)。

> **主厨的小贴士**
> Tips from the Chef
>
> ● 也可以在做面团时再加些胡椒和起司粉,完成后的面包条会更美味!

锦书坊美食汇

《米娅·西餐在左 中餐在右》
传统的中国风味与撩拨心弦的异国风味的混搭交融，
让味觉的感触如行云流水般自在穿梭……
定价：42.00 元
出版日期：2016-12

《在家做饭很简单：就是爱吃肉》
闻香而动，嗜肉族的最爱
定价：32.00 元
出版日期：2016-4

《凯蒂的周末美食》
詹姆斯·比尔德最佳摄影奖获得
者凯蒂，倾力打造视觉和味觉的
盛宴。
定价：158.00 元
出版日期：2016-7

《在家做饭很简单：蔬菜有滋有味》
蔬菜有滋有味，肠胃好轻松
定价：32.00 元
出版日期：2016-4

《在家做饭很简单：鱼的诱惑》
68种水产的馋嘴诱惑，如何抵得住？
定价：32.00 元
出版日期：2016-4